家庭里的心理学故事

主　编　党家梅子　黄　雄

副主编　于　林　胡号应　林建葵　江妙玲

编　委　宁玉萍　黄兴兵　郭建雄　郝宏伟　党亚爱

　　　　李　嘉　李含秋　蒲绮霞　董江会　崔　娟

　　　　徐　琰　吴宝烽　陈翠薇　雷华为　詹良雨

　　　　许　燕　翁穗云　黄丽红　苏闪芳

插　图　陈晓君

世界图书出版公司

西安　北京　上海　广州

图书在版编目 (CIP) 数据

家庭里的心理学故事 / 党家梅子，黄雄主编 . —西安：世界图书出版西安有限公司，2018.2（2018.9 重印）

ISBN 978-7-5192-4106-3

Ⅰ . ①家… Ⅱ . ①党… ②黄… Ⅲ . ①心理学—通俗读物 Ⅳ . ① B84-49

中国版本图书馆 CIP 数据核字（2018）第 025514 号

书　　　名	**家庭里的心理学故事**
主　　　编	党家梅子　黄　雄
责任编辑	冀彩霞
装帧设计	新纪元文化传播
出版发行	**世界图书出版西安有限公司**
出　　　址	西安市北大街 85 号
邮　　　编	710003
电　　　话	029-87233647（市场营销部）
	029-87235105（总编室）
传　　　真	029-87279675
经　　　销	全国各地新华书店
印　　　刷	陕西金和印务有限公司
开　　　本	787mm×1092mm　1/16
印　　　张	16.25
字　　　数	300 千字
版　　　次	2018 年 2 月第 1 版　2018 年 9 月第 2 次印刷
国际书号	ISBN 978-7-5192-4106-3
定　　　价	54.00 元

☆如有印装错误，请寄回本公司更换☆

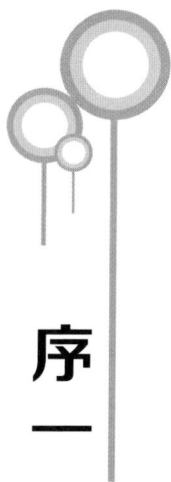

序一

亚梅姓党，陕西渭南人，毕业于广州中医药大学。

2004 年一个偶然的机会，亚梅被借调到我院——精神病院工作，不久即正式调入，成为精神病科医生。她从中医临床医生变成精神卫生工作者，专业跨度有点大。但是，她很努力，凭着坚忍不拔的意志和浓厚的个人兴趣，在心理治疗领域愈走愈顺，有所建树。

也许是同专业的缘故，也许是其他原因，我们很快便熟识了，见面时会有一些交流与互动，她遇到困难的时候，总会跟我倾诉。十年间，看着她参与各种心理培训项目，竭力处理各种临床个案，让我深深地感受到了她内心的热情和执着。

几个月前，她告诉我，她在写一本书，让我帮忙看看，因为忙，此事一时搁浅。当我第二次收到她的书稿时，有些吃惊，书中呈现的大量复杂的案例，让我深深地感受到，亚梅这几年在心理治疗这条路上所付出的努力、艰辛，以及收获的喜悦，并从中窥见她那颗柔软的悲悯之心。

这是一本和"家"、心理治疗有关的科普读物，个中案例精彩纷呈，理论解读适时嵌入，语言平实，通俗易懂。

我想，亚梅写这本书的目的是希望有一本能让普罗大众都能看得懂的心理书籍，让更多的人了解自己，了解心理问题的来源，了解心理求助的渠道。

我们每个人都来自家庭，受教于家庭。父母是我们的第一任老师。

当一个受精卵根植于母亲的子宫的时候，一个人的生命就和母亲结下了不可分割的渊源。婴儿的出生，只是母子在生理上的分离，并非心理上的分离，后者将是一个漫长的过程。

早期，婴儿是通过母亲的眼神、怀抱和回应去逐渐感知和建构这个陌生的世界。因此，母亲心情的好坏，决定着婴儿对自己的感受和认知，母婴关系对一个人早期的心理结构发展非常重要。母亲心情的好坏，决定了她对待婴儿的态度，也决定了婴儿今后心理结构的发展。

与此同时，父亲能否让母亲心情愉悦，是否能够融洽地参与到养育的过程中，也是一个重要的因素。如此，一个从两元关系逐渐迈向三元关系的内在剧情，在我们之后的人生舞台上无数次波澜壮阔地上演。

当然，在后面的人生里，或许我们还会遇到很多对我们有重要影响的人，他们同样会在我们的世界里生根发芽，与原初的母—婴、父—母—婴关系交互影响，共同组成我们的内心世界。

世界上没有完美的父母。因为每一对父母都是带着自己原生家庭的互动模式印记组合在一起的。爱情，也许是两个人的事，但婚姻却不是简单的两人结合，而是两个家族的结合，两个家族价值观、互动模式的结合。

简而言之，婚姻里的关系并不是两个人连成一心那么简单，这也让婚姻里的爱情显得不那么纯粹，尤其是在中国几百年来不能言说的创伤里，很多家庭的代际创伤就在那里悄然地传递着，它深刻地影响着家族里的每一个成员，影响着这些家庭的内部运作，孩子同样不能幸免，甚至会被赋予某些传递的使命。

家庭是人诞生的地方，也是人受教育的地方。但是，有些时候，家庭或许也是伤人的地方。我们不可能只得到我们想要的那种温柔的对待方式，每个人都是在磕磕碰碰的关系中长大的，无一幸免。

我们感受到的那些创伤，有些时候会堆积在我们内心的某一个角落，或许会沉寂多年，或许遇到某个扳机点就会爆发。有些创伤，在人生的某一个阶段，或许会得到修复和补偿，也有些创伤会时不时地窜来窜去，严重地影响着我们的生活。

世界上没有完美的人。人们追求完美，正是因为不完美的存在。

有缘读到这本书的人，如果被其中的某一段所触动，抱怨当年没有被很好地对待，或者自责没有很好地对待他人，那么，可以慢慢地去尝试选择谅解。或许，你可以去尝试改变自己，尝试选择一种跟过往不同的生活。一些小尝试，或许就是一种撬动家庭的动力；一些小改变，或许就会影响深远。

心理咨询和心理治疗，给人们提供了一个修复关系、修复创伤的机会和可能性。

每一个个案都有自己的独特性和不可复制性，每一个个案的案主都值得我们去尊重。

本书内容丰富，在呈现个案的同时，也呈现了心理治疗中运用的各种技术，如催眠、自由联想、沙游、绘画、家庭系统排列等。可见，作者作为心理治疗师的专业素质。当然，每一个心理治疗师都有自己的局限，每一种治疗方案都不一定很完美。

期待亚梅有更多的作品出现。

彭建玲

2017 年 6 月

序二

　　初识亚梅，是在我的沙盘游戏培训课程上。在课程最后的个人体验环节中，我发现，正在做体验的她双手触摸到沙子之后，内心的伤痛如决堤的河水般倾泻而下。之后，在比较长的一段时间里，她坚持来我这里做沙盘游戏的个人体验和成长。

　　我逐渐发现，她是一个十分善良，对待精神疾病患者怀有巨大悲悯之心的人。所以，几年后，她能写出这样的一部关于心理学和心理治疗知识的科普类图书，我一点也不奇怪。

　　亚梅问我："为了更好地呈现心理治疗是怎么一回事，我想大胆地尝试写一些个案的治疗过程，包括自己在治疗中没有做好的地方，不知道是否合适？"这样写书，就像一个外科医生向公众实时报道自己的手术过程一样，有可能引起其他外科大家的攻击和质疑。

　　我问："即使是最出色的心理医师，是否做每个个案都很完美？"

　　她说："不可能。"

　　我问："你出这本书的目的是什么？"

　　她说："为了宣传心理学和心理治疗的知识。"

　　我问："你的书里写了那么多不完美的父亲、母亲的案例，为什么不能有不完美的咨询师呢？"

　　她莞尔，释然。

所以，这是一本带着勇气的书，希望看到这本书的您，能体会到作者的善良、勇敢和一颗拳拳之心。

目前，中国家庭里的个体心理，虽然在不断地接受着外来文化、人口流动、生存竞争、贫富差距等因素的冲击，但是，由于受儒家与农耕文化的影响，在中国，以家庭为核心、注重集体主义的观念已经深入到每个人的内心。所以，中国人的亲子关系、家庭关系，在各个方面都较西方国家更为紧密；家人、亲戚之间的互动对彼此的生活都影响巨大。

我们在临床工作中发现一些心理行为异常的个体，尤其是青少年，这些异常大多与青少年的本质无关，而与孩子所在的家庭结构、家庭关系，父母的性格、人格、行为模式，父母之间的感情等有着更为密切的关系。一旦父母参与到孩子们的治疗中来，甚至成为心理治疗的主体时，父母自身和家庭的问题解决之后，孩子的问题才能从根本上得到解决。

您所看到的这本书，作者以深入浅出的方式讲述了家庭、家庭文化、家庭结构等是如何影响一个人的心理成长的。书中的故事精彩纷呈，同时，呈现了众多的心理治疗技术的灵活应用。不但让心理治疗室外的您了解了心理学知识，更让您了解了治疗室里发生的故事，向您揭开了一个人之所以产生痛苦的众多家庭因素的面纱，揭示了心理治疗的过程，敞开了心理咨询师的内心世界。所以，其确为一本为普罗大众而写的书，更值得初入心理治疗领域的年轻心理医生仔细品读。

全书语言平实，浓郁的情感却融于其中；故事和知识的讲解无缝隙融合，通俗易懂。体现了作者的心理学知识水平，更呈现了作者深厚的文字功底，值得一读。也许，文中某些个案会触动您内心的一些伤痛；也许，其中的心理学知识也能多少帮您化解心中的怨愁。

亚梅说，她现在体会到了写作的快乐，那我们就期待她更多的作品面世吧！

李江雪

2017 年 6 月

序三

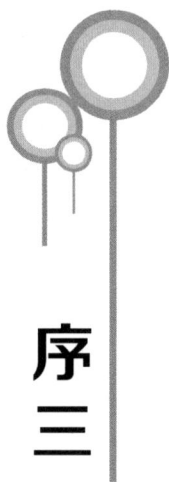

家，故事开始的地方

"人"字，一撇一捺，如同太极一阴一阳。人的身体如同太极中的阳，容易一眼就看出来；人的心理如同太极中的阴，常常难以辨识。

在心理咨询的历史长河中，弗洛伊德开启了现代心理咨询和治疗的大门。他的精神分析便是要通过自由联想及梦的分析等技术，达到"无意识意识化"，让人认识无意识，成为自己的主人。虽历经百年，"无意识意识化"这一目标仍然是心理咨询的重要指导原则。

为何要无意识意识化？这是因为无意识埋藏着我们早年创伤所形成的大量"情结"。情结如同心灵的旋涡或黑洞，吞噬着我们的心理能量，扭曲着我们对现实的感知，造就了我们各种悲惨的命运。既然是早年的创伤，它们往往离不开制造创伤的"工厂"——家庭。

亚梅老师的《家庭里的心理学故事》中的许多案例，便非常生动地向我们展示了家庭如何给来访者带来心理创伤并影响他们的命运。

如何实现无意识意识化？

临床中，这常常需要借助表达性艺术的技术。亚梅老师在本书中向我们展示了她娴熟地使用沙盘游戏、曼陀罗绘画等技术的过程，让我们生动地看到了来访者的心灵世界。

对于沙盘游戏，读者可能并不陌生，容易理解它的原理；而曼陀罗绘画在国内推广时间较短，读者可能不太熟悉。读者有可能不能很好地体悟到亚梅老师使用曼陀罗绘画的良苦用心及其在案例中的"威力"，那么，我便试做说明。

曼陀罗绘画是荣格心理分析的核心技术，它帮助荣格走出了与弗洛伊德分裂的心灵创伤，成就了荣格心理学的核心概念——"自性"。

案例中的曼陀罗名为"生命之轮"曼陀罗，它包括五个部分：左下方为"原生家庭"，左上方为"亲密关系"，右上方为"亲子关系"，右下方为"人生追求"，中心为"自性意象"。它涉及了心灵适应内外环境的本能或自愈力量及各种重要的关系。

曼陀罗的功能是激活来访者的自性动力并且修通各种重要关系，从而实现对现实的适应。所以，亚梅老师把它作为家庭作业（节省咨询时间）并有效地运用于咨询之中，可见其多年精神分析的功力！

不妨这么说，其中的"生命之轮"的原生家庭就是《家庭里的心理学故事》的"家庭"，而其他的故事便是由原生家庭作为生命起点而展开的"心理学故事"。这些故事是亚梅老师作为医者，用其医者仁心的大爱，借用其咨询中的真实案例，让读者们理解原生家庭对人心灵成长的深刻影响。希望读者们不要辜负她的一番良苦用心！

是以为序。

陈灿锐
广州医科大学
2017 年 8 月

序四

十二年前，我对精神疾病的认识还停留在书本中的零星知识上。

当有机会调入精神病医院工作的时候，我的眼前一下子涌现出各种各样的精神病患者画像：他们有的眼神暗淡、表情呆滞、动作迟缓；有的无故嬉笑、语无伦次；有的狂躁大闹、兴奋异常；有的疑神疑鬼、黯然神伤；有的没有任何正常人的思维，行尸走肉般地游荡——精神病医院里面的情景，一下子撞击了我的心灵，让我震撼……

用了数年的时间，我系统地学习了精神病学知识，并在专职做抑郁症课题研究的时候，多次接受国内外精神科专家关于精神疾病诊断程序的严格培训，才算真正走进了精神疾病研究的大门。

在那段做研究的时间里，我和精神疾病患者及其家属有了更亲密的交流，抑郁症患者无穷无尽的痛苦、精神分裂症患者家属难以诉说的绝望，常常让我感伤。今天看来，也许是内在的那份使命感，让我偶然而自然地、无意而有意地走进了心理学的大门。

感谢幸运女神，竟然让我歪打正着地走进了另一个神秘的、探索人们心灵世界的大门，此地"风光旖旎"！

2009 年，我考取了心理治疗师的资格证书。我清楚地记得当时自己听到考试通过之后兴奋异常的情景。我知道，我真的要进入一个自己十分热爱的领域了！我可以凭着自己的努力，去拯救那些心灵处在苦难中的人了

（这是心理学所说的"自恋"，我接受。呵呵）！

我怀着强烈的好奇心，如饥似渴地读书；参加许多心理学知识讲座、心理成长班的团体治疗和成长活动；同时，我也用心地和我的来访者相处，训练自己感知他人内心状态的能力。直到有一天，我突然意识到，不管自己如何努力，还是只能和有限的、为数不多的人相处，陪伴他们的成长。

随着人们的温饱问题得到全面解决，更多的人开始关注自己和周围人们的心理健康问题了。了解精神及心理疾病的知识，走向心理健康的道路，成了人们新的追求。

那么，心理医生是怎么样的一个群体？心理咨询和心理治疗有什么不同？

心理治疗室内的医生和来访者到底都说些什么？在心理咨询行业轰轰烈烈发展的今天，这些也成为大家共同关心的问题。

几年前，我开始把自己的一些治疗过程发布到个人网站上，很快受到了很多朋友的鼓励，他们希望我能够写出更多的心理学知识和故事，以便给更多的人精神启发，于是，我萌发了写这本书的念头。

初次笔耕，随心抒发所思所想。当然，每一个故事可能都有一个真实案主的版本。但是，请您注意：为了保护我的来访者，常常在一个故事里，我融合了几个来访者的故事；所有的分析和联想，基本都不会完全和原案主的真实情况相同。这些都是我在案例治疗中的真实所想，以此和读者分享，共同探讨人内在的、丰富多彩的情感风景，共察人生百态。

在探讨中，也穿插了一些精神疾病的知识，以期能让读者更好地了解自己或周围人的一些心理状态。

此书出版之前，同行的心理医生看后，反馈此书能让他们更好地了解一些沙盘游戏、曼陀罗画在治疗中的应用。

有精神科医生看后，反馈此书让他们对心理治疗有了更多的了解和认识，对精神疾病发病的心理因素也有了更多的认识。

有普通的读者看后，讲述此书让他们更好地了解了自己家庭中的一些内在动力，对自己的一些心理状况有了更好的认识，一定程度上也有治愈潜在心理疾病的功能……

总的来说，这是一本关于精神和心理的科普读物，主要通过发生在心理治疗室的故事，向您揭开心灵花园的秘密，讲述家庭中父母亲的职能、家庭正常的序位排列、家庭成员的创伤经历对家庭里的孩子心理成长的影响。讲述一旦明白了自己身上所发生的一些事情的缘由，我们就可能去驾驭自己的命运，为自己的生命负责。

此书的主要内容包括母亲职能对孩子成长的影响，父亲职能对孩子心理成长的影响，夫妻关系对孩子成长的影响，父母离异对孩子成长的影响，孩子的恋父、恋母情结，家庭里隐匿的病患者等几部分。书中娓娓道来在精神病医院里就诊的一些患者痛苦心灵背后的故事。

真诚感谢对本书做了修改和提出宝贵意见的各位精神科医生、心理学同行及朋友。

他们是广州中医药大学经管学院的郝宏伟老师，他在本书写作过程中提供了很多建议；我院的黄雄主任、黄兴兵主任，他们为我总体规划了本书的布局；我院的宁玉萍院长、郭建雄主任，给了本书大力的支持；华南师范大学的李江雪老师及我院的彭建玲主任，对此书的医学伦理道德部分做了很好的把控，对书中的案例记录提了很多好的意见和建议；广州医科大学的陈灿锐老师对曼陀罗绘画疗法的内容给予了一定的指导；留法归来的精神分析博士潘恒医生，对书中的一些心理分析观点也提出了自己的一些意见；我的中医科领导于林、胡号应主任，以及徐琰、吴宝烽医生也对本书的出版给予了各方面的支持。

特别感谢我的妹妹、西北农林科技大学的党亚爱老师，她对全书的文字和内容做了数遍的修改！

也感谢为本书插图的陈晓君小姐。

最后，将我最真挚的感谢给予世界图书出版西安有限公司。在他们的努力下，这本书终于见诸世人。可以说，这本书，是一本充满情和爱的书，无论是书中的故事，还是书外的故事。再次感谢大家为此书出版做出的贡献，这份感激已经珍藏在我的生命里了。

党家梅子

2017 年 5 月于广州

前言

"家是什么？"

"家是避风港"

"家是有爱的地方"

"家是有爱人的地方"

"家是我们长大的地方"

"家是我们抚养后代的地方"……

"家是讲什么的地方？"

"家是讲情的地方"

"家是讲爱的地方" ……

"家是讲道理的地方吗？"

"家不是讲理的地方。"

从 2016 年 6 月开始，我被邀请参加一些社区心理健康的讲座活动，我演讲的题目是"家里的心理学"。

每次，我都以上面的方式开始我的演讲，听到"家是不讲理的地方"时，现场一下子活跃了起来，回应里有女士们的调侃，也有男士们的情绪宣泄。每当这个时候，我内心里那个"孩子"就兴奋起来了，没来由开心地笑了。

我承认，我的内心里一直住着一个小女孩儿。她经常带着我异想天开，幻想着很多美好的事情。

我一直幻想着退休之后，能和一些志同道合的朋友一起，开着车去深山里看望山上寂寞的儿童——那些被称作"留守儿童"的孩子，给他们讲故事，引导他们把希望和梦想的阳光种子埋在心里。

我想和我的朋友们一起走到农村去，给农村的老人家讲讲心理学，让爱和温暖陪伴着每个老年人，让他们安享晚年、老有所终，幸福地走完他们的人生。

我也设想在退休之后，开一个收费不是很高，但是人气很旺的心理治疗诊所，陪伴着在学校读书的孩子们自由地学习、成长，即使是最调皮捣蛋的孩子，也能开心地表现自我，不是"惹人烦"而是"会捣蛋"。

我还想去中学或大学里讲讲心理知识的课程，苏联有位叫苏霍姆林斯基的教育家说："应当在中学时代就给未来的父亲和母亲以教育学的知识……没有研究过教育学基本知识的青年公民不应当有成立家庭的权利。"我很认可这个观点。

我更想和民政部门好好谈谈，想和他们达成协议：为每对要结婚或离婚的男女做一段时间的心理辅导，不但要帮助所有男女打开婚姻的幸福大门，也要让每对要离婚的男女，认识到自己在婚姻中失败的原因。然后，该离婚的离婚，该回家的回家，不要伤及无辜，尤其是无辜的孩子。

我内心有这么个爱幻想的"孩子"，也经常任由着她郁闷！等待着退休的日子，等待着以后。

当然，我的内心也在怀疑：到了退休的年纪，我还能爬得动山吗？我还能做得了那么多的事情吗？

有人是这样定位"幻想"这个词的：是自我用来保护自己免受来自内部焦虑或外部威胁的技巧。我又认可了。呵呵！

我那孩子气的幻想，是被一个叫"卫军哥哥"的人打破的。

那个大人小孩子都叫他"卫军哥哥"的人，近些年，一直在广州热心于公益事业，热衷于癌症患者的心理支持组织的组建和活动等。他说，希望我能辅助一个社会公益组织走进社区，向社区居民讲一些关于心理健康的知识，我毫不犹豫地答应了，从此就一发不可收拾……

我忽然发现，自己提前进入了之前幻想的"退休"的生活状态——那个以讲学为生的状态！

当然，不是用全部的精力，因为我还有一份精神病医院的工作。

　　不过，还是感谢卫军哥哥，也感谢生活，让我拥有这么多陪伴我走精彩的人生之路的朋友，也包括来找我做心理治疗的来访者。

　　正是他们的故事丰富了我的人生，更让今天看此书的您能更好地理解心理学的一些内容。

　　这里的每一个故事，都不会和其原主人公的故事完全相同。所以，当我的来访者看到与自己故事类似的部分和对于故事的分析时，请不要认为那个故事正是说您自己，进而心里不适，或生气，或激动。

　　这里的每一个故事都有原型，但不拘泥于原型，请各位来访者不要对号入座。故事中的对话，也不全是治疗时的对话。因此，请各位心理专家不要以心理治疗的技能标准，对本书予以推敲。如能做到此种，我真诚地感谢！

党家梅子

2017 年 5 月于广州

目录

书中所涉及的部分心理学知识简介

（一）意识和潜意识

意识是一个复杂的概念。就心理状态而言，意识指清醒、警觉、觉察、注意力集中等；就心理内容而言，意识包括可以用语言表达出来的东西；就行为水平而言，意识意味着受意愿支配的动作或活动。在更高的哲学层面上，意识是与物质相对立的产物。所以，在心理学中，意识被定义为人所特有的一种对客观现实的高级心理反映形式；在哲学上，意识被定义为一种与物质相对立的精神实体。马克思对其的定义简单明了：意识是对物质的反映，是物质存在的最高形式。

潜意识的概念，最早是由心理学家西格蒙德·弗洛伊德在其《精神分析学》理论中提出来的，是指潜藏在我们一般意识底下的一股神秘力量，被称为潜能的动力，是相对于"意识"的一种思想，深藏在我们的意识深处。

所以，在我们每一个行为的背后，除了我们能及时意识到的原因，更有一股潜藏在我们内心的、一些没有及时到达我们的意识的力量（潜意识）在影响着我们。

潜意识是一个世界，宛如意识自我的思维世界一样，这个世界对于个体的生命来说同样至关重要，是其重要的组成部分，而且它比意识的世界更为博大，更为丰富多彩。这也就是在心理治疗的过程中，心理医生们为何不约而同地都将治疗的方向投向来访者潜意识层面的原因。

当然，所有的来访者的痛苦根源和需要处理的情结，相信他们已经在意识层面自行处理过许多遍了。

本书所有的个案分析，大部分都是从导致来访者痛苦或彷徨的内在原因，也就是说，潜意识的原因出发的。例如，家庭治疗，揭示的是引起家庭成员出问题的整个家庭的潜意识原因——家庭内在的一些不合理的动力或秩序。

（二）心理咨询和心理治疗

心理咨询或心理治疗，是一个融入心理医生所掌握的心理咨询技巧、心理医生自己的人生经验和教训、心理医生自己的人格基础、心理医生的智慧，以及所学的各方面的知识，并和来访者共同工作的一个过程。

当一位来访者来到心理医生面前的时候，心理医生会立即调动他的以上所有技能，并很快地在潜意识层面和这个来访者建立一个链接，这个链接环上的所有细胞开始活跃，治疗就开始启动了。

心理咨询和心理治疗的区别在于：

1. 工作的对象不同。前者主要是针对一般的心理问题。咨询过程中基本不触动来访者的人格基础，往往就事论事，咨询师多采用"认知疗法"等技术和来访者一起工作。后者主要是针对有严重心理问题的人，治疗过程比较漫长，基本要触动患者的人格基础，这样才可以让来访者有所改变。当然，两种方式都可以做长久的精神分析。对于前者，鉴于我国目前民众的普遍经济实力和时间、精力等，做较长时间的精神分析，可能是比较奢侈的一个过程。但是，坚持做个人成长的分析，能使来访者可以更好地理解自己一些行为中的潜意识渴望，还能引领他以更开阔的视野理解他人的行为，更能增强来访者适应社会的能力；而对于后者，无论对于来访者或是治疗师，都是具有挑战性的。治疗关系的建立、治疗师水平的高低、来访者的依从性，以及来访者的经济情况、时间支持等都要考虑到。但是，往往这样的治疗过程能让患者达到身心合一、脱胎换骨的效果。

2. 心理医生背景不同。前者的从业者是普通院校或者相关组织培养出来的心理医生，称为"心理咨询师"；后者则是有一定的精神科临床经验的职业医师，称为"心理治疗师"。前者属于劳动部门的职业，后者属于医院内卫生部门的职业。由于我国的心理学发展比较晚，医院内的心理治疗发展得更加缓慢，大量的心理治疗工作是由医院外的心理咨询师执行的，他们中很多人也很优秀，弥补了我国目前心理治疗师的缺乏。但是，由于心理咨询师的门槛比较低，咨询师的水平良莠不齐，这些都会影响这个行业的发展。可喜的是，我国目前已经着手整改，开始完善心理咨询师的认证、管理程序等，相信不久的将来，将会涌现出更多、更高水平的心理咨询师。

（三）关于沙盘游戏疗法

沙盘游戏疗法主要是使用沙、沙盘，以及一些人或物的缩微模型来进行心理治疗与心理辅导的一种有效的方法。从开始使用到被心理治疗领域广泛应用，已经有一百多年的历史。

沙盘游戏疗法强调在创造过程中本身自发和自动的特点，能让来访者以非言语的、象征性的方式，表达自己潜意识的一些内容。它最大限度地给做游戏的人以想象的自由，允许来访者精心构造和发展自己头脑中任意驰骋的各种主题。经过训练的治疗师，可以以隐喻的方式，根据来访者在沙盘里摆放的图画（也就是沙画）进行交流，也可以就沙画中所投射的现实内容，和来访者进行交流。

在做心理治疗的过程中，我不但喜欢使用沙盘游戏疗法，还喜欢利用其他的一些方式（如画画等）作为媒介，迅速而直观地了解来访者内心真实的、也许自己都没有觉察的丰富世界。比如：有个来访者告诉我，她总是抑郁发作，许许多多的事情都能诱导她抑郁发作。当她来到沙盘室，在触摸到沙子的那一刻，眼泪"唰唰"地流了下来。在沙盘游戏里，沙子以及沙子下面蓝色的底部、蓝色的边缘，都是唤起人进入潜意识的媒介。人的潜意识就像浩瀚的海洋，而一旦触摸到沙子，就接近了蓝色的"海洋"——人的潜意识。当这个来访者接触到沙子的时候，她开始触及自己内心里那深深的哀伤，这个哀伤，就是直接引起她抑郁的最深层的原因之一。哀伤过后，她从沙架（放置那些小玩具的架子）上拿来一些沙具（架子上的小玩具叫沙具），摆放了一幅沙画：其中一个男士代表她逝去的父亲；另一个代表离开她的前夫；还有一个小鸭子，代表目前和她有矛盾的上司。来访者摆放好沙画之后，她抚摸着代表自己父亲的沙具，伤心地哭了起来。这时候，治疗师无须任何的言语，只需要默默地陪着她，给她递上擦拭眼泪的纸巾，感受着她的哀伤。在治疗室里的心理医生需要具备的陪伴和共情的专业素养，不需要任何言语，此刻的陪伴和共情对于来访者来说就有治疗作用。当来访者停止哭泣之后，她默默地用沙子埋葬了代表父亲的沙具，然后又从沙架上拿来一些花束和青草放在"父亲"的"坟墓上"和他道别。处理完和父亲相关的创伤之后，她送了一支玫瑰花祝福她的前夫，也送了一支小草给"小鸭子"。最后，她在沙盘的中上部放了一个"太阳"，在代表她自己的孩子（她内心脆弱的那部分，个性里像孩子的那部分，被投射成一个伤心的孩子）前面，用小草铺设了一条通往太阳的大道，至此，这个沙盘治疗的过程就结束了。那天，她从开始做沙盘游戏到治疗结束没有和治疗师说任何话，但最后，她好像从哀伤中勇敢地走了出来，抬起头离开了治疗室。

这就是一个完整的沙盘游戏的治疗过程。当有的来访者触摸沙子的时候，心底里所有的哀伤立刻被唤醒。她抑郁的原因，可能并不是某件严重的事情。任何的事件，一旦触及父亲离去所带给她的哀伤，她都会抑郁发作。而之前，她只是纠结于某件具体的事件上。在这次沙盘游戏（简称沙游）治疗过程中，她不但治愈了父亲离世带给她的哀伤，还治愈了离婚带给她的哀伤，同时，还找到了解决和现在上司之间的矛盾的方法。最后，她给予自己的心灵一条通往太阳（光明）的大道——甚至不需要治疗师说一句话！

这时候，治疗师对哀伤的感同身受，以及默默地陪伴，正是来访者所需要的。往后的治疗怎么进行呢？在这次的沙游里，来访者已经给了治疗师关于"父亲的离世、婚姻的不幸和公司老板的矛盾"这三个方面的"治疗点"。

绘画治疗，往往和沙游有着同样的效果。

心理治疗最大的一个任务，就是发现使来访者产生困惑的潜意识层面的原因，并将这些潜意识里的原因上升到意识水平上，和来访者进行探讨，从而在意识层面加以解决，让来访者内心深处的伤痛得以修复，心灵得到安宁。比如，在上述的个案里，心理医生将会和来访者探讨，为何父亲的离世对她来说会有那么大的伤痛，原来是因为来访者对于父亲的离世有深深的内疚，认为自己在父亲生病的时候，没有及时地发现并送往"该"送的医院，可能因此耽误了父亲的治疗而使得父亲过早离世。在和心理医生交流的过程中，她明白了：对于保护他的父亲，给父亲选择正确的治疗途径，负主要责任的应该是她的母亲。之后，她开始把那些背负很久的"重任"慢慢卸了下来，"交给"她的母亲。自此，她的抑郁症状也慢慢地好了很多。当然，往后的日子，治疗师还要和她探讨她的婚姻、她和上司的矛盾等等一些问题。那些问题，可能也有一些深层次的原因。所以，一般心理治疗的过程，并不是一次简单的"谈话"过程，而是充满了千回百转的神秘未知、充满了"无限风光"的一个过程。只有那些学习过心理学专业知识、有漫长的心理成长体验的治疗师，才有足够的勇气坐在咨询室里接待来访者。但这并不是说，每个人的问题到了某个心理医生那里都一定能得到解决。每个心理医生的专业技术能力，都有一个循序渐进的提高过程，即使是最好的心理医生，都有自己的局限性。所以，如果您需要找个心理医生陪伴您的心理成长，就要像您去看其他的内科、外科、妇科等医生一样，带着一颗信任的心去。如果对这个心理医生不是很满意，可以再去寻找其他的心理医生，直到找到一个和你的心灵脉络合拍的心理医生。那时，您就可以邀请这个心理医生在您人生的一段旅途中共走一程。当然，如果这个心理医生因为自己的原因感觉陪伴您走一段路比较辛苦，一般情况下，他会根据您的情况，给您介绍其他合适的心理医生。请您相信，没有不想当好医生的医生。

（四）关于曼陀罗绘画疗法

2016年，广东省心理年会在广州市召开，我有幸参加了这次年会。会上有个专题，是由广州医科大学陈灿锐老师讲授曼陀罗心理绘画知识。陈灿锐老师可以称得上是我国第一个系统研究"曼陀罗绘画疗法"的人。由于一些原因，我没有听到整个讲授过程，到达他的讲座课堂时，我拿到了一张要求学员在一张纸上完成绘画的曼陀罗画，直到这本书主要内容完成后请他写序，我才知道那个作业是陈灿锐老师根据曼陀罗绘画疗法的理论和实践发明（创作）的一张曼陀罗画——"生命之轮"。——不知道怎样表达我此刻的感恩之情！——那真是一个开启我的家庭治疗新篇章的时刻！

说起它的神奇，我就有点小激动，为避免自己此刻语无伦次地表达太多的东西，我需要静下来逐条陈述：

首先，那天的感悟：拿着那张要做的作业，我立刻沉下心来，仿佛周围什么都不存在了，注意力集中到我的父母关系、亲密关系、亲子关系、我的追求、我的自我意象……后来我才知道，那是曼陀罗绘画和沙盘游戏治疗所特有的催眠作用，就像荣格所说的："曼陀罗成为冥想的工具。它旨在通过限制想象的心理范围并将其限定在中心，帮助人们集中注意力。"之后在对曼陀罗绘画疗法的了解中，我也知道了那时我能专心地冥想并毫无杂念地、安心地完成这个"作业"，也缘于这幅图中那外围神奇的"大圆"对作画者的心灵给予了充分的保护和限制，使得作画者的心理能量不至于外泄，不受外来因素的影响。研究曼陀罗的心理大家认为：那个圆同时具有包容和接纳来访者内心深处无意识的所有隐私的功效，在这个包容和接纳之下，来访者才能安心地去探索自己内心的秘密，并把它们从自己紊乱的潜意识深处拿出来做个整理和呈现——这就是曼陀罗的心理外化过程，通过绘画把心理紊乱的内容整理后投射在可观的外在而达到意识层面的过程，一个"认知解离"的过程。由此可见，曼陀罗创作的过程，就是一个来访者意识和潜意识实现沟通、对自我的生命状态逐渐了解和明晰的过程，也是一个"自性"的过程！所谓"自性"，简单地说，就是自我意识和潜意识实现沟通后，来访者"心神合一"的状态，一个自我认知功能达到整合的状态。像所有的曼陀罗绘画一样，"生命之轮"中所呈现的来访者来自家庭功能的损害越严重，其自身的功能受损越严重，心理医生带着他寻找更多的积极的力量、走向内在自体修复的任务也就越艰巨。

"生命之轮"让我和我的来访者受益匪浅。好奇心让我更多地了解到：世上有一种美丽动人的花叫"曼陀罗"，因为它的美和纯净，佛经用它来代表佛陀净土的神圣庄严，后来，佛教徒就以曼陀罗花作为原型构建了佛教的坛城。再后来，佛教徒为了便于修法，把这些坛城逐渐演变成各种各样便于携带的图画。比如，就像我们经常看到的唐卡。慢慢地，"曼陀罗"就成了佛教的专用名词。

曼陀罗绘画进入到心理学领域，源于1912年瑞士心理学家荣格（1875—1961）决定与精神分析的"鼻祖"——奥地利心理学家佛洛伊德（1856—1939）的精神分析理论分裂之后，四十多岁的荣格出现了大量的幻觉，随时有沉没于精神分裂疾病的可能，自我救赎的内在动力让他无意识地画了很多圆形的图画，他根据梵文中把圆形之物称之为"曼陀罗"，就命名这个绘画过程为"曼陀罗绘画"。没想到的是，他的这种自我治疗的过程和佛教中的"曼陀罗"绘制过程有着同样的自我救赎、自省开悟的作用。这源自于内心自然涌动而出的"曼陀罗绘画"拯救了荣格，他的幻觉逐渐消失，他总结说：在这个过程中，自己逐渐地构建了内心的平衡和秩序，人格得以完整和拯救。之后，荣格总结了他的"曼陀罗绘画"的体会并予以公布，以自己的经验告诉人们：心理的不平衡从而导致无序，无序和混乱则是心理问题的根源，精神分裂即无序的极端。从此，越来越多的心理学家开始使用曼陀罗绘画做心理治疗，越来越多的来访者受益于此。

藏传佛教中的曼陀罗绘制中，常常描绘了和蔼宁静之神和凶恶愤怒之神，描绘了存在力量的冲突，有着原始的冲动和激情，也描绘了神性之光——这一切都存在于精神深处。佛教徒通过精神意念进入曼陀罗，使自己的内心由对立到达统一。荣格借用"曼陀罗"一词，其用法比较接近词义的原初意义，并不限于佛教的用法。荣格注意到某些表现在古代神话、部落传说和原始艺术中的意象，曾反复出现在不同的文明民族、原始部落，甚至在精神病患者和儿童身上。例如，在宗教、艺术和梦上，就常常以花朵、十字、车轮等作为意象，荣格把这些意象都称为"曼陀罗"，认为它代表具有普遍一致性的共同心理结构，谓之为"原型"，其大量地出现在来访者的曼陀罗图画之中。原型，成为荣格和弗洛伊德精神分析分裂的重要突破口，也成了曼陀罗绘画治疗和沙盘游戏治疗的重要理论基础。

"生命之轮"是陈灿锐老师在荣格曼陀罗漫画基本建构的理论基础之上，结合自己在心理治疗过程中的临床经验，综合了一个人在人格形成过程中最受影响的原生家庭的父母及其关系，以及在父母关系基础之上逐步形成并在成长过程中一步步构建的亲密关系、亲子关系、自我追求和自我感知（意向）。——在"生命之轮"外围那个大圆的限制和保护之下，面对曼陀罗，一个人开始反省自我、了解自我、呈现自我，荣格所述之"自性"在来访者完成"生命之轮"的过程中得以实现。"生命之轮"也给予了作为治疗师的我一个迅速了解来访者现状的机会，一个能迅速切入到来访者家庭系统动力分析的一个突破口。

　　一些心理学家认为，曼陀罗花和以上所介绍的曼陀罗心理治疗并没有特别的联系，我却对此另有见解。请看：曼陀罗花不仅可用于麻醉，而且还用于治疗疾病。其叶、花、籽均可入药，味辛性温，有大毒。花能祛风湿，止喘定痛，可治癫痫和哮喘，煎汤洗治诸风顽痹及寒湿脚气。花瓣的镇痛作用尤佳，可治神经痛等。叶和籽可用于镇咳止痛。我们一旦带着心理创伤接触到曼陀罗画，它的镇静作用不就像曼陀罗花的"麻醉"作用吗？花儿所治疗的症状，涉及中医理论之心、肝、脾、肺、肾五脏，以及一个人的整体免疫功能，这些疾病，不都是与一个人的心理状态息息相关吗？曼陀罗花属剧毒，国家限制销售，特需时必经有关医生处方定点控制使用。而曼陀罗的绘画治疗，不也是由特定的、经过心理治疗培训过的医生才能去执行的吗？

　　也许，一切的相遇，都是冥冥之中注定的缘分。

第一章

和母亲职能有关的故事：
受伤的孩子

母爱有毒，当它甜蜜得让一个人一生也戒不掉的时候

母爱有毒，当它遥不可及，不能进入孩子的内心的时候

母爱有毒，当它浓烈得让孩子不能成为自己的时候

无数人高歌母爱，因为母亲付出得太多太多，没有母亲就没有我们。从来没有人会把母爱和"毒药"联系起来，更不会把母亲和"魔鬼"联系起来。但是，有时候，母亲的确在扮演着"魔鬼"的角色，她会给孩子下"毒"，只可惜，我们的孩子还不能"百毒不侵"。一个母亲，很大程度上影响着一个孩子的命运！

　　"魔鬼"是人们为了投射自己心中黑暗的部分而创造出来的名词。我们每个人都有"天使"的那部分，那是我们自尊和自爱的基础，也是我们活下去的希望。可是，没有人能保证自己一生中从来都不曾伤害到别人。如果您一定要说自己是个好人，那么，我换个说法，也许您能够明白。我们活着，我们在这个世界上消耗那么多的资源，创造那么多的垃圾，本身就是在伤害别人，或者说，是彼此一直在伤害着。所以，没有绝对的好人，当然也就没有绝对的"天使"了，被叫作母亲的人也一样。

　　母亲，作为一个群体，我们敬仰她、爱戴她、歌唱她，谁也抹杀不了她的伟大，但是，即使她有多么伟大，即使您多么不愿面对，母亲也有"魔鬼"的部分！

　　今天，我们站在几个受伤的孩子的角度，看看几位母亲在行使母亲职能中有哪些过失，以此警醒那些还在伤害孩子的母亲以及将要做母亲的女人。所有的事情对我们来说都是一样的：没有了解，哪有谅解？当然，有的事情，即使是了解了，也不一定能够得到谅解！有时候，我们的大脑并不能说服并改变我们内心的感受。

　　换句话说，正是因为有许多不完美，所以，我们才追求完美。可见，经历这个世界的一切不完美和创伤，正是人类创造和进步的动力。

母爱也有天使和魔鬼两部分

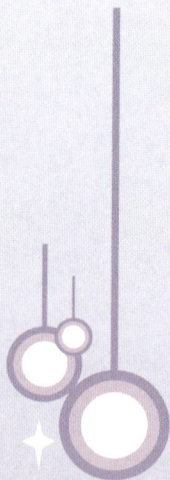

一个被妻子抛弃的男人

他是个四十多岁的男人，我们就叫他奇俊吧。奇俊的家乡在贵州一座美丽的城市。他在网络上看到我当心理医生的信息，于是从贵州来到广州，带着他正在广州读书的妻子阿茹来做治疗。原因是阿茹有了外遇，要求离婚，奇俊很痛苦，挣扎在想要自杀的边缘。阿茹虽然想离婚，但是奇俊这样，她也放心不下，所以，两个人商议后就一起来见我。

在治疗过程中，我帮他们分析了各自所在的两个家庭的情况，梳理清楚两个人从互相认识直到走到今天，婚姻出现的问题和各自需要承担的责任。慢慢地，奇俊接受了阿茹不可能回心转意这个事实。之后，他坚持做了十次个人心理治疗。我陪伴着这个男人从绝望中走出来，看着他开始学习佛教知识救赎自己，看着他开始对未来的生活有了新的打算。

最后，因为他从贵州来广州太遥远，再加上他不想再来到阿茹所在的这座城市，所以，十次治疗之后，治疗暂时停止了。

奇俊出生的年代，中国还处于比较贫穷的阶段。那个阶段，我小时候经历过，十分地艰难。奇俊的妈妈在生奇俊前，已经生了一个女儿、两个儿子，第二个儿子出生后不久就夭折了。大概是因为生病又没有奶吃（妈妈是饿着肚子生孩子的，所以奶水不够），奇俊生下来十分瘦小，眼睛也睁不开，可能之前在妈妈的肚子里就营养不良，爸爸妈妈总担心奇俊和他的小哥哥一样养不活。当时，同在医院的还有另外一对夫妻，他们已经连续生了三个女孩，很想要一个能帮他们传宗接代的男孩子，于是两家一商量，奇俊就被转手送给了这个刚生了一个女孩的人家。

奇俊说起这事时总是说，自己对后来的妈妈充满感激，因为妈妈总是先给自己吃奶，然后才轮到姐姐。后来，因为妈妈实在没有精力照顾好两个孩子，在姐姐三四岁的时候，把她暂时送给了别人，把奇俊留了下来。虽然姐姐后来还是被妈妈要回来了，但是，奇俊总觉得对不起三姐。所以，他对三姐一直很照顾，特别是在他后来因为做生意而日子好过之后。

"如果你是一个女孩，他们留下的可能是你吗？"奇俊第一次说起他的经历的时候，我这样问他，奇俊迷惑地看着我。我知道他一直被"感恩"的道德绑架着，这种绑架没有对错。我也不能肯定奇俊的养母是否也被道德所绑架，但作为一个母亲，正常情况下不可能为了别人的孩子而放弃自己的孩子，除非留的那个孩子对她自己或者家族来说有着特殊的意义。奇俊的幸与不幸，都是因为他是个男孩……

那天，奇俊静下来，开始慢慢地回忆和梳理。他想起他当兵复员归来的时候，很想用家里仅存的一万多元作为订金，买一套他看中的房子，这样，就能和他心仪的姑娘结婚了。但是，妈妈却用这些钱买了一辆摩托车给二姐做嫁妆，理由是二姐要嫁的人家比较富裕，不能让二姐嫁过去被别人小看。奇俊眼睁睁地看着已经看中的房子买不到，看着自己心爱的姑娘离开了自己。但是，奇俊还是告诉自己，妈妈是爱我的，她曾经为了让我吃饱，先给我吃奶，再给姐姐吃！妈妈因为爱我，才会为了养活我把三姐送给了别人……

随着治疗的深入，奇俊渐渐发现，在他和妻子正式交往之前，他已经发现，妻子是一个"过河拆桥"的人，对以往有恩于自己的人，一旦发现对方对她没有"用处"了，就会毫不犹豫地没有任何感激和愧疚之情地和对方断绝关系。但是，奇俊不愿意正视这个事实，仍以妻子表面的行为说服自己，他告诉自己，妻子是爱他的、温柔的、孝顺的，所以，他义无反顾地和她结婚了。

对于一个男人来说，母亲对他们有着特殊的意义。不只因为在他一出生的时候，母亲给了他温暖的怀抱，还因为在他成长的过程中，母亲"言传身教"地告诉他，什么是女人！所以，男人在找人生伴侣的时候，会因为看到某个女人身上有他母亲所具有的某些特质，而突然地"爱上"这个女人，并且会产生厮守一辈子的冲动。当我把奇俊的妻子和养母试着做比较的时候，奇俊那天突然沉默了很久，好像是鼓起了很大的勇气才说："党医生，自从我有意识的时候，我就知道，我从来就没有相信过任何人，我也不知道为什么。"他痛苦地抓住自己的头发说。

"任何人，也包括母亲吗？"我问。

"以前我不知道，现在扪心自问，包括母亲，包括所有人。"看着他的样子，我能感觉到那深深的哀伤。

"是的，从我有记忆的时候开始，就一直在说服自己相信周围的每一个人，可是我内心知道，我对任何人都不信任！我感受到自己内心深处安全感的缺乏，却从不愿意承认。我不断地告诉自己，要信任别人、信任别人。可是我做不到。所以，我只能不断地安慰自己，我是安全的、我是安全的。"

仔细想来，其实，在以往我和他相处的过程中，我已不止一次感受到了他对我的不信任。他每次来做治疗的时候，首先和我分享的是：某个朋友对他说了什么，某个朋友给他出了什么主意，让他从沉沦中挣扎出来，而并不是说在我们的治疗中，他得到了什么启发或者进步。对于他的"不信任"，我知道自己唯有全部接纳，这是我作为心理医生的本职工作。但只要他能定期来见我，能主动地走进我的治疗室，那他的不信任就不是百分之百的。那天，我坦白地告诉了他我的感受，也明确地告诉他，我明白和理解他的不信任。结果，我发现这个男人被触动了。

"党医生，你看看我的眼睛，很恐怖！真的，每个人都说，我的眼睛很恐怖！"他突然摘下他的眼镜，指着他圆溜溜的眼睛说。

而我，分明看到了一双由于惊恐而睁得大大的眼睛，眼球稍微有点儿突出，整个黑眼球都可以看到。"从你的眼睛里我没有看到恐怖，只是看到了惊恐！这是一双可能由于找不到妈妈而没有安全感的孩子的眼睛！"我的悲悯之心从心里面流了出来，奇俊愣了愣，他的眼泪簌簌地流了下来。

和所有的心理医生一样，一旦坐在了这个位置，就会把自己全部清空，和来访者一起，听着他们的故事，感受着他们的感受。最完美的状态，是两个人感受相同。当时，我看着奇俊，心中如有冰凉的泉水流过——

曾经因为贫穷，他失去了被亲生母亲养育的机会。

曾经因为缺少那么点资金，他失去了和自己心爱的姑娘结婚的机会。

也许太渴望改变，他抓住了改革开放后百业待兴的机会去做生意，成了那一代人中第一批成功的商人，第一批有了自己的公司、私家车的人。

因为成了当时人们羡慕的富人，他一个初中毕业生娶了一个大学生，也就是现在的妻子……

曾经的他，不知道为什么要不断地支持自己的妻子，为她寻找各种机会，帮助她一步步地走向学业的巅峰。他真的不知道即将到来的后果吗？不，他自己分析过，他的内心知道，但是，他不愿意面对。他说，他已经习惯了内心的那种不安全感，他控制不住地为那种不安全感不断增加养料，他也不明白是因为什么。如今，他的妻子已经成了大都市里一所著名大学即将毕业的博士生。而且，在毕业之前，她已经在这个城市开创了自己的事业，买了属于自己的房子，于是，她像对待别人一样，毫不回头地要离开他，要走自己想走的道路。

奇俊崩溃了，这崩溃完全不亚于一个婴儿被母亲抛弃时的痛苦。只是，当年的那个婴儿还没有品尝那份痛苦的意识。婴儿是靠感知觉来体会这个世界的，就像一些动物那样，太多的害怕就会出现"冻僵"的状态，这样就没了害怕。婴儿也许会因为找不到妈妈而哭泣，哭泣之后还是找不到，他会怎么样呢？失落？绝望？没有人会知道，我们只看到了一个结局，他心中出现了一个永远也填不满的坑——不安全感。

对于当年那个孩子来说，活下去，应该是他唯一的目标和欲望。他以沉睡来面对这个残酷的世界，直到四十多天之后，他才睁开眼睛，看着眼前给自己喂乳汁的女人，他告诉自己，这是妈妈！就像他当初要娶阿茹一样，他告诉自己，这是我的老婆，她爱我。

冥冥之中，当他逐渐强大之后，他也在创造机会，重新回到那个创伤中的婴儿时期，也许，所有的一切，只为了今天，能有机会再见那个婴儿，为这小小的人儿疗伤！

在治疗过程中，奇俊逐渐理解了自己的养母，她只是一位普通的农村妇女，她有她的局限性，不可能是个完美的母亲；他也开始理解自己母亲的迫不得已，理解亲生父母对于他的内疚和牵挂；他也慢慢理解，他今天的结局就是一个顺理成章的结局，没有谁对谁错，只有悲伤和难过……

其实，仔细思量，奇俊的整个故事围绕的主题就是四个字、两个词："母亲""母爱"。

"人类是个早产儿，早产三年。"

第一次从一位精神分析流派的心理医生那里听到这个说法的时候，我确实是吃了一惊，不过，细细想来很有道理。其他哺乳类动物刚出生不久，很快就能学会走路、觅食、逃生，而人类需要的却是母亲的怀抱。

人类的孩子只是从妈妈的肚子里那个相当于"大海"的环境里面出来，降落在了"母亲的怀抱"这个沙滩上。当然，这个沙滩有优劣之分，有的细腻柔和、环境优美，有的粗糙、环境嘈杂。婴儿没有选择，在精子和卵子结合的那一刻，他的命运已经注定了。而当婴儿呱呱坠地之后，能否适应环境，存活下来，全凭他自己。

刚刚出生的奇俊，生他的妈妈把他带到了贫瘠的沙滩上。最终，他被转移到了另外一个沙滩上。在那个新的沙滩上，这个外来的孩子情感上不可能没有疏离。奇俊的到来，也许还会不断刺激那个新"父亲"，他一直认为，自己没有能力生出个传宗接代的"带把"的后代。我们可以想象得到，在那个只是为了活下去都要付出很大努力的年代，这个男人能给予自己的女人和这个男孩子多少关爱。所有的事情，没有绝对的对与错，我们只从人的本能来分析。

那个刚出生的男孩子必须活下去，他唯一能依靠的就是眼前的这个妈妈。所以，他要告诉自己，妈妈是爱我的，妈妈能给我足够的爱和温暖。有两个小宝宝的妈妈总是第一个给他吃奶，但是，之后呢？妈妈会把更长时间的怀抱给谁呢？那可是一个孩子安全感的来源啊！我能感受到那个小男孩吃奶后孤零零地一个人躺在那里的悲凉，只是，他不能让自己悲凉，如果是那样，他该怎样活下去呢！

往后的日子，他就这样告诉自己，妈妈是爱我的，不是身体的感受，是他的大脑告诉自己的。这也构成了他和所有女人关系的基础，也可以延伸到他和整个世界关系的基础。他时刻惊恐地睁大着的眼睛，才是真实的自己。

"从来没有婴儿这回事！"心理学家温尼科特看到了母亲和婴儿的亲密关联，每一个婴儿的背后都有一个母亲，或者是在亲生母亲缺失下照顾婴儿的"替代母亲"。一个充满爱意的母亲，会及时感知觉到孩子的需求。那时候，就是母亲"原初母爱"被贯注的时候。人类的母亲像所有动物的母亲一样，忘却了周围的世界，她和她的孩子的内心世界紧密相连。这个世界，不是子宫里的世界了。

母亲带给孩子最初和这个世界相连的模式，可以说，一个孩子和这个世界相处的基本模式，是母亲给予的。所以，一个母亲是否接纳孩子，是否能及时满足孩子的需求，都直接关系到孩子对于自我的感知。

例如，孩子笑了，妈妈也笑了，孩子会体会到愉悦，内心会感到这个世界真好。孩子饿了，妈妈带来食物了，孩子感受到被重视了。孩子哭了，妈妈心痛了，孩子感受到自己的苦难有人关注到了。妈妈来逗宝宝了，让他从混沌中清醒了，感受到自己被爱护着。有一个叫"妈妈"的人，给孩子说话、逗孩子笑、用手指戳他的胸口，表情丰富地吸引孩子的注意力。她在不断地刺激这个孩子，发展孩子的各种感觉，让那个懵懵懂懂的孩子不断成长，发现自我、觉知自我。

另一方面，妈妈以自己充满爱意的目光，对孩子微小进步的反馈、亲吻、爱抚，对于孩子情绪的积极回应，在妈妈和婴儿之间形成了一种"促进性环境"，促进孩子人格的丰满、智商的发展，促进孩子对这个世界产生热爱和向往、探索，也促进孩子向"人"的方向发展。

在一个人的早年时期，他被唤醒了多少脑神经来应对日常的生活、学习、人际交往。成年后，他的智商和情商就已基本定型，除非他的人生有比较大的改变或者震荡。即使是那样，他的个性等改变的可能性也比较小。也就是说，一个十分内向的人，在他的成长生涯中不断地主动学习或者被动地学习，他和别人打交道的能力在不断地提高。但是，他在婴儿时形成的内向的性格，却终难改变。

内向和外向的性格、思维、情感是否活跃，往往决定一个人一生的命运。

一个母亲，就是一个孩子的命运，这句话不是没有道理的。

很可惜，奇俊的治疗不能进一步进行下去。对于心理咨询和心理治疗，很多人认识的不够。他们以为：只有那些心理有问题或者是精神有问题的人，才需要做心理咨询和心理治疗。

不得不承认，来到这个世界上，我们每个人的心灵都会经受一些苦难，每个人的一生中或多或少都会经历一些不开心甚至是痛苦的事情，而那些事情都会随着时间的推移而渐趋平淡，或成为过去，或成为财富。就像奇俊的遭遇，随着时间的推移，他终将走出痛苦，迎接他的另一种未来。

但是，我们设想，即使是奇俊最初被父母送到了另一块"沙滩"上，当他长到6~12岁的时候，如果有机会及时地在心理医生的陪伴下做一段时间的"沙盘游戏治疗"（这种治疗方法，就是通过个人在潜意识里的心理调整，巧妙地跨过儿童和青少年语言表达能力的缺陷而发明的游戏治疗方式），就可以使奇俊在自觉或不自觉的情况下，治愈由于离开妈妈而造成的创伤。

假如错过了这个6~12岁的机会，在12~18岁的青春叛逆期，奇俊能在此时碰到一个和他"说得来"的心理医生，对于他的人生初体验有个分析和调整，也许，奇俊的安全感和对于世界的认识，也会在这个阶段得以修复和提高。第三个假设是：假如奇俊在恋爱、结婚前，有机会能碰到可以和他的"生命脉络相吻合"的治疗师，对他的成长经历、创伤进行过详细的分析和讨论，我想，奇俊的婚姻绝对不会有今天这样的结局了……

所以，当有人问我，我们自己或者我们的孩子没有像奇俊那样经历过明显的创伤，还需要做心理咨询吗？

我的回答是这样的：我们每个人，如果有条件，最好是能定期走进心理咨询室和心理医生聊聊，给自己一个了解自己、梳理自己的机会，以便更好地走稳下一段人生路。具体的时机是：

6~12岁：沙盘游戏治疗，有什么想不通的，和心理医生聊聊，能让一个人在小小年纪，明白人生很多想不通的事情，在心理学上，这叫"梳明"与"去蔽"。这段时间如果能和一个可以"说得来"的心理医生"聊聊天"（看似闲聊，心理医生可是时刻专注的），可能为一个人一生的情商打下良好的基础。

12~14岁：这是一个人的青春叛逆期。这时候，如果能和心理医生在治疗室里"交上朋友"（心理医生也要特别地关注这个时期的孩子的自我意识），可以让一个人拥有更好地接纳自己、接纳别人，以及接纳这个世界的宽容之心，并进一步确定良好的世界观和人生方向。

18~24岁左右：是一个人选择未来人生伴侣的最佳时期。这个时候能有幸和一位能"谈心"的心理医生梳理一下自己的家庭、家族情况，可以更好地看清楚自己家庭、家族中的优劣，可以让一个人更好地寻找到真正适合自己的伴侣，从而走向幸福。

接下来就是生儿育女的问题、事业发展问题、更年期问题、衰老问题，以及随之而来的身心疾病，和最后要面对的孤独和死亡的问题，人生不断地面临挑战，比感冒还频繁。感冒的时候，我们有药吃；心灵的苦难，是否也要关照关照呢？

……

双胞胎妹妹差点自杀了

一个人性格的形成，除了和他在婴幼儿时期与母亲的互动相关外，他的心灵成长之路还有什么样的动力呢？我想起一对双胞胎姐妹的故事：她们二十四岁了，妹妹是因为突然被发现在楼顶上想跳楼自杀而被送来医院治疗的。

第一次走进治疗室的妹妹，懵懵懂懂的，问不出什么问题，她也说不出为什么自己心情不好。于是，我利用给妹妹治疗的时机，让他们家其他人都参与进来。首先，我让他们在我的治疗室做一个简单的"家庭排列"，即四个人按照自己的感觉找个合适的位置站着或者坐着。结果是这样的：

爸爸这个高大的北方男人，站在屋子的中间，目光向前；

妈妈坐在爸爸左边的凳子上，不时地看着对自己"无视"的丈夫和左前方的大女儿；

姐姐站在屋子凸向窗口的一段墙的旁边，好像那里可以让她躲起来，不过，她还是能看到爸爸妈妈；

只有妹妹迟迟不能决定自己站在哪里。她奇怪地看着爸爸、妈妈，又看看低着头谁也不看的姐姐（她能感受到姐姐表现出的不开心）。她在这个静止的场景中走来走去，不知如何是好，好似想照顾爸爸妈妈，又想照顾姐姐，但谁也照顾不到……

看着这个情境，我做了一个简单的处理：按照自己的感觉，我让妹妹灿丽对着父母说："爸爸妈妈，你们之间的所有事情，是你们自己的事情，由你们自己负责。"然后，再让她对着自己的姐姐说："姐姐，你自己的事情，无论好坏，由你自己负责。"

虽然是简短的几句话，但我观察到对于这家人却是个不小的震动，惊愕中，他们答应了灿丽的请求。之后，我又让灿丽选择一个合适的地方站着。

这次，她很快选择了一个朝向门口、背对着姐姐右侧后方是爸爸妈妈的地方。此时，我问灿丽感觉如何？她说："现在，爸爸妈妈在我的旁边，姐姐在我的后面，我感觉他们会给我支持，所以，我很好！"

我再次面对其他三个人，问他们的感受，不出所料，爸妈说虽然都有点难过，但也有点儿安慰，姐姐说："这样也好。"我再次让灿丽跟着我说："爸爸、妈妈、姐姐，请照顾好你们自己，我想去远方，我想走我自己的人生路。如果你们安好了，我会走得更好！"

简单的家庭排列，让我看到了灿丽的病因，这并不单单是她自己的问题。爸爸、妈妈之间的关系，姐姐和这个家庭的关系，都影响着灿丽，她心中"没有她自己"，她竭力地想协调这个家庭，但是无能为力。像灿丽这样因为家庭内部的动力而出现精神问题的，在心理学中被称为家庭动力的"黑羊"！

当一个家庭因为一些原因不能正常运转的时候，自然会有一个人出来，以"生病"的方式，让家庭里的成员自主、自动地暂时围绕在他的身边，并呈现出和谐亲情，此时，家庭原有的矛盾暂时得以缓解，之后，在矛盾与冲突中继续运转下去……

因为是双胞胎，妹妹有了心理疾病，现在看来，和姐姐的问题相关的可能性很大。第一次来治疗室时，在家庭人员排列中，姐姐灿烂一直低着头、不开心的表现，妹妹懵懵懂懂地需要服药治疗，让我把未来的治疗点选择在姐姐身上。

　　紧接着，我了解到她们的家庭情况：双灿（灿烂和灿丽）的爸爸是一名教师，妈妈在工厂担任仓库管理员。双灿出生时，她们的爷爷、奶奶已经不在人世，外公、外婆不愿意帮带孩子，可双灿的爸爸、妈妈都要上班，下班后要照顾两个孩子也太累，无奈之下，双灿的妈妈强行把剖腹产第一个出来的姐姐——灿烂抱给自己的父母，让他们照顾。双灿的外公、外婆为了女儿勉强接受了这个孩子，而灿烂之后也受到了外公、外婆的细心呵护，后来外婆因病去世，灿烂就成了外公的心肝宝贝，在外公的照顾下，快乐地成长起来了。她可以上树摘果子，也可以和男孩子打架。直到要读小学时，她才回到妈妈的身边，那段快快乐乐的日子也结束了。我想，这是大多数被爷爷奶奶、外公外婆抚养的孩子的共同命运，生活习惯完全被打乱，父母原来的家庭秩序也被打乱。我们常看到见诸报端的一些相关案例，被爷爷、奶奶照顾得好好的"野孩子"，和父母居住在一起之后，因为双方都不适应而不能相互接纳，之后发生了悲剧……

　　美国的一位心理学家亨利·马西在《情感依附：为何家会影响我的一生》中总结说母亲和婴儿的互动有三个层面：（一）宏观层面——母亲的慈爱、快乐、保护等特质；（二）微观层面——母亲和婴儿的体态互动，即手指碰触、言语表达、亲吻、凝视、表情等；（三）神经心理层面——母亲和婴儿互动后给予婴儿的神经、心理的影响。

　　我们看到，微观层面才是可操作性的母爱。如果一个母亲只在宏观层面爱孩子，而没有微观层面的操作，那就是"空头支票"，孩子怎能感受到你的爱，又怎么能在神经心理层面体会到母爱而滋生温暖呢？

　　在这个家庭里，灿烂和妈妈之间有着难以逾越的鸿沟，以后的相处方式可想而知。只是，她们谁也没有意识到存在的问题。灿烂继续着她善于采取行动的个性，在父母的严格要求面前我行我素。只是她越是这样，越难以得到妈妈的欢心，而妹妹和妈妈的亲密无间，常常会引起她的嫉妒。"我自己也不知道，当年怎么会那样抗拒妈妈，我无意间也欺负妹妹。比如，我自己不吃巧克力，却变着花样给她吃，因为吃了就会发胖。我知道，妹妹对我完全不设防，我却一再利用她，通过她得到我想从父母那里得到的东西。今天看来，我在很多事情上都在替她拿主意，做事情也经常忽略她的想法，时间久了，我成了两个人中能干的那个，而她成了两个人中软弱的那个，我们两个都不只是自己，还互相拥有对方，两个人从来都没有分开过……"

当我和灿丽交流的时候，发现灿丽完全没有姐姐的开朗和泼辣，她说起话来声音很小，做起事来畏首畏尾，一副完全没有自信的样子。灿丽说，自她懂事的时候开始，她不知何故就感觉到内心里总有一种深深的内疚感，特别是当她面对姐姐的时候。所以，从小看到强势的姐姐，她都言听计从，从来不敢有自己的想法；和姐姐相处的时候，她都努力地让姐姐快乐。在灿丽的心里，从小也总有一种担心姐姐离开的感觉。所以，她要百般地讨好姐姐，这种讨好，一直延续到她读大学后和同班同学的相处。

比如，和同学相处时充当"烂好人"，遭受到委屈也仍然"视若无睹"。以致在大学毕业那一年，要进入社会了，她还是一个不知道该如何和陌生人交往的人，就像一棵没有直立成形的大树，不知该如何面对社会的风雨。同时，灿丽还意识到，她不能忍受和她相处了四年之久的舍友在毕业时分离，她们和她相处的时候，多数都充当着"姐姐"的角色。数重压力之下，临近毕业了，灿丽开始精神恍惚、抑郁发作，差点儿自杀，最终被家人送到精神病医院治疗。因此，我才有了和这对双胞胎姐妹共同工作的机会。

除了开始的时候，姐妹两个一起来见过我，灿丽在药物控制住病情之后，就去其他心理医生那里做治疗，灿烂则一直在我这里坚持治疗了三十多次。前面多次的治疗，灿烂的话题都离不开妈妈和妹妹，直到有一天，灿烂对我说，她不知道这么多年来，她心里已经把妈妈当年对自己的"丢弃"产生的愤怒，转换成了她对和妈妈很亲密的妹妹的嫉妒和攻击，所以，她一直在"折腾"。所有的"折腾"背后，是她已经习惯不去面对自己内心的真实情感需求，这种模式也妨碍了她在工作中和她的同事、领导的正常交流，因此，她在工作中困难重重……

我清楚地记得，在一个寒冷的下午，灿烂穿着单薄的衣裳来到治疗室。我赶紧把自己的披肩给她披上。她说，早上上班的时候天气还好，所以衣服穿少了，下午变天了，虽然她感觉很冷，但是，她没有办法开口让在广州度假的妈妈给自己送厚的衣服来，"妈妈就好像是一个熟悉的陌生人"，她说，"我不愿意和妈妈相处。每当妈妈出现的时候，我都感觉到受伤害，虽然我的记忆并不支持任何我受过伤害的想法，但是，好像就是受过的伤害被唤醒了。"

当我引导灿烂放松之后，问她："当你和妈妈在一起时，你内心真正的需求是什么？"

放松之后的灿烂慢慢地眼眶湿润了，之后，泪水止不住地从她长长的睫毛下流了下来，她说："我的内心有一种强烈的需求，那就是被尊重！"她说，这种感觉，好像已经藏在那里很久很久了……

对灿烂的治疗的转折点是，她那次终于鼓足勇气，在电话里声泪俱下地对妈妈说了一连串的话："你当初生下我，为什么又要把我送走？！你知道，你送我离开对我的影响有多大吗？！我知道，你爱我，但是，我永远不能像别的孩子那样能感受到你对我的爱！我知道，我的内心需要你对我的好，可我又讨厌你对我的好！妈妈，你当初的决定，影响了我的一生！"

后来，灿烂很开心地和我分享了她和妈妈那次沟通的整个过程，分享了妈妈对她真诚的道歉，并答应她，只要她需要，未来的日子，妈妈都愿意陪伴她。也就是从那时候起，灿烂和灿丽才明显地开始在心理层面分离，灿烂开始接纳自己软弱的一面，而灿丽也开始发掘自己的优点，她在心理医生的帮助下，学着适应社会，不再自卑、软弱，积极地去适应工作，发展自己的人际关系，抑郁症也逐渐好转。我也欣喜地看到，这对姐妹经历波折之后，关系又开始亲密起来了。

这之后，她们各自都拥有了不错的工作和人际关系。灿丽很快有了自己的男朋友，和父母关系的融洽，让她拥有的足够的安全感，给予了她顺利成家的基础；而姐姐灿烂，则需要在工作和与男孩子的交往中，不断地学习和成长。

1964 年，美国进行了一项历时三十年，由西尔维娅·布洛迪、内森·塞恩伯格主持的纵向母婴研究，研究了 76 位被试者（参与人数 131 位），揭示了母亲的养育风格，对育儿结果和结果的一致性的影响，得出了早期亲子关系重要性的相关结论：

1. 父母的镇定，善于反省、专注——把孩子当人（独立人格的人）看待；

2. 父母两情相悦，感情深厚甚于彼此爱慕；

3. 母亲温柔、慈爱、热情并富有同情心——或者说，她能够感受孩子的感受；

4. 父母为孩子积极的能力（自信、进取）感到骄傲。正如一个母亲在孩子哭时表现的那样——母亲骄傲地说："她清楚地表达了自己的情感。"

5. 父母为孩子的创造性和独立性感到愉悦；

6. 父母强调纪律而非惩罚；

7. 至少在最早几年，父母应该密切关注并且参与孩子的生活。

以上任何一条，都是孩子健康成长所需要的因素。只可惜，还有那么一些孩子，就像双灿中的姐姐那样，由于种种原因，父母不能陪伴在他们身边，这给孩子的生命带来了一段缺憾。

就像一棵树，在最初的成长阶段，它需要足够的营养和水分供应，之后，才有能力自己茁壮成长。如果这种最初的支持不在，它就会成长为一棵根部较细的树，即使以后能长成一棵大树，根部也不会牢固，随时可能在风吹雨打中折断，或者被连根拔起。

而对于人来说，那就表现为安全感不足、人格不够健全。有时候，根部不牢固的树为了能够弥补自己的缺陷，会摸索着让自己长出一些"腿"来，增强自己的力量，想变性的大学生阿涛，就是这样的一棵树。

要变性的男大学生

阿涛是个高大壮实的男孩子，正在一所大学读大一。来做治疗的时候，阿涛穿着一件格子上衣，齐肩的头发上包着一条向后挽着的紫色小花头巾，看起来有点儿文艺范儿，但因为身材较为高大壮实，这文艺范儿就得到了"不男不女""不伦不类"的评价。阿涛很痛苦，虽然他打扮自己，吃女性激素，但这只会让他越来越清晰地意识到，自己不可能变成女人。随着年龄的增长，他的痛苦越来越深重，最后，只能靠服用抗抑郁药维持着学习和生活。

一天上午，阿涛在父亲的陪伴下来到我的治疗室。于是，我知道了关于阿涛的一些经历。

阿涛的家乡在农村。在他没有出生之前，他的父亲已经来到广州打工了，现在已是一家集团公司的高级主管。阿涛的母亲在阿涛出生一年后，也放下阿涛，追随自己的丈夫来广州打工，一岁的阿涛之后就跟爷爷、奶奶一起生活。"我也不知道，为什么从小我就那么自卑。别人家的孩子都有爸爸、妈妈，而我的爸爸、妈妈只是到了过节才能见到的陌生人。爸爸、妈妈虽然给了爷爷、奶奶钱，让我的生活比别的孩子好了点，但是，我却发现，有爸爸妈妈陪在身边的孩子，即使家里很穷，他们也过得很快乐。再加上爸爸妈妈不在身边，别的孩子还会肆无忌惮地欺负我，现在想来，也许那时候我看见别的小朋友的爸爸、妈妈很高大，而我的爷爷、奶奶很老，觉得打不过人家，所以，才会很自卑……"当阿涛这样描述的时候，高大的他，瞬间像个可怜的七八岁的孩子……

说起想变性这件事，阿涛说，那要从他小时候说起。

大概在他五六岁的时候，有一天，姑姑带着他和村子里别的大人、小孩在一起玩，人们说说笑笑，但只有小阿涛一个人在旁边发呆。他说，他早已发觉别的小朋友都不喜欢和他玩，所以总是自觉地站在一旁看着别的孩子玩。那天，正和别人说笑的姑姑突发奇想，拿起自己的红色围巾围在小阿涛的头上，这一围不打紧，姑姑好像突然发现了新大陆，她又把自己的花外套脱下来给小阿涛穿上，所有人的目光立刻都集中在了小阿涛的身上，姑姑带头，一群人开始开心地拍手、大叫，嚷嚷着"真好看、真好看""像个小姑娘"……

虽然此时的阿涛五大三粗，但是，他仍有圆圆的脸型和大大的眼睛，我能想象得到，以前小阿涛那样一打扮，也应该很可爱。这本是一出无意间的闹剧，可是，在小阿涛的心里却激起了千层浪。他想："原来我还是很可爱的啊！如果我是个女孩儿，别人就会喜欢我了啊！"

小小的阿涛，孤独的小阿涛，没有人知道他心里在想什么，他也不能和爷爷、奶奶分享他内心的这个小秘密，只是，"如果我是个女孩儿，别人就会喜欢我，欢迎我"的想法，从那刻起，就在小阿涛的心底扎根发芽了。从此，他就走上了一条想做女孩、想变性的不归路……

读中学的时候，阿涛看了一部《哈利·波特》的科幻片，之后，阿涛又开始编织一个宏伟的梦想：他要写一部比《哈利·波特》还要宏伟的科幻大片，要在全世界播映，要震动全世界，让全世界的人都知道他的名字。

"成为一个惹人爱的女孩儿，我的生命才有意义；成为一个能让全世界震动、关注的人，我才活得有意思。"

内心这个蓬勃翻腾的梦想成了支持阿涛活下去的"一条腿"！经过那件事之后，他经常偷偷穿妈妈的衣服；长大之后，他自己也去买一些女人的衣服偷偷地穿；他还去咨询过整形医生，至今已经吃了好几年的女性激素，最后的结果就是现在呈现的男不男、女不女的外表。阿涛绝不是一个笨孩子，读书对他来说一点儿都不吃力，他的学习成绩一直不错，对于他来说，成绩好也是引起别人关注自己的一条途径。

现在，他读大学了，大学同学都是一些会学习的人，他的学习成绩不再突出了。于是，他已经着手写那部能震撼世界的科幻故事了，可这是多么难的一件事情啊！阿涛开始抑郁了，不得不再次来看精神科和心理科医生了。

阿涛的心里深埋着这样的想法：如果我不能成为那样的人（女孩儿），我就不可爱，就没有人能看见。这种想法产生了，就扎根在阿涛大脑的神经上了，像一座难以攻破的堡垒。

我相信很多有成就的人，他们之所以能以别人难有的坚持达到一定的人生高度，都和他们之前的一些特定的"情结"有关。因为那些经历过的挫折，或者说是人生的磨难，更加历练了他们追求梦想的坚韧和毅力。他们的一生，将在那些梦想的带动下成就辉煌，就像著名的影星——成龙，如果他没有经历过多年跑龙套的艰辛和屈辱，也许就不可能成为那个演起电影来一定亲力亲为、一丝不苟，有股不可阻挡的内在力量的人。

我还是想强调：在人生最初的日子里，如果父母没有给孩子足够的陪伴，并及时给孩子心灵健康成长所需要的、经过精心筛选的营养，孩子的先天禀赋肯定就有不足。如果在他们的成长路上，没有接触过心理学方面的知识，没有能够"去蔽"、明了他们这些创伤在潜意识里带给他们的驱动力，有些人肯定就会像阿涛那样，要用一辈子的时间来受其影响。

所谓心理咨询或心理治疗，不是用说教"治疗"患者，而是在医患相处的过程中，让来访者的问题自然呈现，有了治疗师的陪伴、提醒，患者不断地反省自己存在问题的最深层的渴望和动力，然后，去伪求真、自我调整，心理问题渐趋减轻。

为何不是"痊愈"呢？

因为，无论患者面对苦难和挫折使用的是何种防御机制，这些防御方法如果对于他来说都是有效的、有帮助的，那么，这些方法就已经成了当事人的"一条腿"！突然要锯掉这条"腿"而让患者坚强地站起来，绝对不是一件容易的事情，可以说，那是一件精细的慢工活儿……

我和阿涛在心理治疗室里共同工作了十多次，很遗憾，因为一些特殊的原因，他的治疗中断了。多少年过去了，当时阿涛愤怒、压抑、哀伤的场景还历历在目……

如果现在在某个地方的阿涛还能从这个个案里看到自己的影子，我希望现在的他能够幸福快乐。如果有机会，欢迎他能再次来到我的治疗室，谈谈他的近况，也让我有机会当面感谢他以及他的故事，让我能以此提醒更多的父母：给孩子一个安心快乐的童年。

请送我一支玫瑰花

他不但在学校里拉帮结派，和不喜欢的老师对着干，还和一些称兄道弟的男同学一起"教训"一些不喜欢的男同学……他被老师不断地投诉，这个九岁的男孩，最终被妈妈和爸爸带到精神科儿科就诊。

　　他来的时候，我正在看一首关于心理学方面的诗。这首诗以比喻、想象为基调，很难理解，连我都很难准确地表达其中的内容。但是，当我向初次见面的他讲述这首诗所表达的意义的时候，他竟然能明白其中的思想内涵，让我大跌眼镜。

　　他和我聊天的时候，也一本正经地像个小大人似的。那天，我无意之中说了要给他的沙盘游戏拍照，结果，他竟然做了一个"面具"沙盘出来。"面具"沙盘，其实是指来访者带着迎合心理医生的意图所呈现的沙盘图案，这让我再次震惊。虽然"面具"沙盘也能在一定程度上透露出来访者的内心状况，但是，这么小的孩子能有这么强大的潜意识保护能力，让人不得不佩服。

　　后来我才明白，可能是因为他过早地离开父母的照顾，因而形成了一种强烈的自我保护意识，而这种保护意识，他已应用自如。

　　大概两周之后，他第二次来见我。看到他我大吃一惊，本来就很瘦的身体更瘦了，好像风一吹就能吹倒。我问他是怎么回事，他说，大病了一场，住院治疗了一个月，之后就没再多说，看上去他并不希望我提起这件事。那天治疗结束之后，我从他爸爸那儿了解到，他因为头痛去了好几家医院检查，医生都诊断不出什么原因，后来住院一个月后，头痛自然好了。

　　很瘦的他那次来到治疗室后和以前一样兴奋，没有多余的言语，很快就开始了自己的沙盘游戏过程。

　　那一次，他先在沙盘的中上部拨开一些沙子造就一片蓝天，在蓝天上放一只小鸟展翅翱翔，左下角放一只公鸡和一个古广场，右下角放一棵葱郁的大树（治疗结束后他分享说那是柳树）。做完这些，他往蓝天上又加了一架绿灰色的战斗机、一架有红色"十字架"的救护飞机。放置了这些之后，他看着沙盘，又在蓝天上加了一只猫头鹰。他先是拿着小鸟在沙盘上面盘旋几圈，放在沙画的蓝天上；接着拿猫头鹰在更高的"天空"——沙盘的上方盘旋几圈后放在沙画的蓝天上；之后，他拿起救护飞机在空中低低地飞，

但是比猫头鹰飞得稍高，说是要救人的；最后，他拿起战斗机，战斗机"勇猛地"在沙盘的上空盘旋几圈后，也回到了沙画的蓝天上。

完成这些后，他沉思着，望着沙盘游戏的架子，之后，他以随时可能被风吹倒的步伐走过去拿了一些玩具过来。在沙盘靠中下的位置，摆了一张桌子、两张沙发、两把椅子，一位"将军"（比较壮的西部牛仔样的男人）坐在桌旁吃水果，桌上摆满了葡萄和一颗大大的蓝莓，将军旁边站着一个手拿长剑的武士（他后来解释说，那是将军的卫兵），最后，在右下角柳树底下，隐藏着一个用手枪对着将军的士兵，整个沙盘游戏结束了。当我征询他能否为自己的沙盘起个名字的时候，他用迷离的眼光看着前面，给这个沙画起名为"海上的战士"——意识和潜意识衔接的时候，潜意识的能量在这里得到了舒展。

来访者方向

治疗师方向

从他的沙盘图画里，我看到了猫头鹰所拥有的睿智、救护飞机和卫兵的自我保护、自我修复的力量。隐藏的士兵则是他隐约感知到的这个世界上他所不能控制的危险因素，葱郁的大树则是他旺盛生命力的象征。

之前，当他就快要完成沙游的时候，他突然问我，能不能送给他一支玫瑰花，并指着沙架上折纸花瓶内最大的一支玫瑰花说："就要那支。"接着，他在我的耳边悄悄说："我有女朋友了！"我说，可以送他，但是，下次必须拿回来，因为那不是我的东西，是属于医院的财产，他流露出了明显的失望神情。在他的游戏结束之后，我和他谈起了他的女朋友。

他告诉我，他的女朋友是别的班的，是他小学同年级的一个小女孩。我问："你们发展到什么程度了？拉过手了吗？"他说："拉过了。"我问："有其他的表示吗？"他说："没有。""拉手的感觉是什么样的呢？"他开心地说："我很高兴，她也高兴。"

第一次和他接触的时候，我知道这个孩子的智商和情商容不得我丝毫怠慢，所以，我很认真地和他谈论着他愿意和我谈论的任何事情。没有想到，他竟突然大哭起来。接着，他一边张着大嘴哭泣，一边断断续续地诉说着："之前妈妈总说我调皮捣蛋，后来我改掉了，可妈妈还是不高兴。妈妈说没有人会让我做小组长，也不会让我做年级督察，后来，老师让我做了督察，而且同学们也说我做得好，但是，妈妈因为不喜欢我女朋友还是不高兴，她还和老师联系，不让我见我的女朋友。妈妈总是说我不好，这也不好，那也不好，还打我（他给我看膝盖上被妈妈踢得破了皮肤的损伤处）。"

他又张大嘴巴大哭起来："我见不到我女朋友了，所以，我想让你送我一支玫瑰花，我再送给她。"我递给他纸巾，他擦着那不断流出来的眼泪，我真心看到了他的伤心和难过……

待他安静下来之后，我们交谈了一会儿，当他明白小女孩不会因为他生病就在这个"地球"上"消失"，以后他回学校，即使妈妈和老师不让他去见那个小女孩，他仍然可以自己想办法偷偷地去"瞄"上她一眼而享受看见她的快乐的时候，他慢慢地停止了哭泣。我问他："前段时间生病，是不是因为太想那个女孩了？"他老老实实地回答："是的，很想，都吃不下饭了。""所以才会头疼，是吗？""是的。"他有点不好意思了。"你不能告诉别人，你是因为想那个女孩儿头痛的，是吗？""是的。"他安静地回答。"不吃饭会不会也有和妈妈斗气的意思？她不让你喜欢那个女孩！"他点点头，说道："还有，无论我做什么，她都不满意。"他嘟起了嘴巴。

接着，我告诉他："能代表心意的东西很多，但是，未经努力得来的东西，别人不会看到它的价值，也不会看到送她东西的人真诚的心意啊！"

最后，我们商定，以他现在的能力，画一支玫瑰花比较好。他让我送一张 A4 纸给他，我不但答应了，还多送了他一张，以防止画错需要重画。

后来，他告诉我，其实自己心里也知道，谈恋爱是长大后的事情，现在，他只是喜欢她。我说："恋爱是要让自己喜欢的女孩子高兴的。所以，要买真的玫瑰花给她，要请她吃饭，这些，都需要用自己工作得来的钱去实现。"

他表示赞同。我继续说："所以，可能妈妈是想你长大后，买得起玫瑰花的时候再谈恋爱，那样，你就能像一个真正的男子汉那样，可以很自豪地爱一个女孩子了，你觉得呢？"他想了想，用力地点了点头。

看着他瘦削的身体，我问："你认为，女孩子找男朋友是为了什么呢？"

他说："陪伴她，保护他。"

我问："你这么瘦，可以保护你的女朋友吗？"看到他在犹豫，我指着沙盘中的"将军"说："你看看，如果你是那个将军，不只自己很强壮，还有人保护你，那样，你就能更好地保护你喜欢的人了，你说呢？"

"是的。"他很有信心地说。

"那现在怎么办呢？"我问他。

"我要当将军。"他很坚定地说。

"当将军要考军校，不只要头脑聪明，还要有健康的身体！"我对他说。

"我不想捣蛋了，我要考大学，当将军。"他说着握紧了拳头。

我们勾了手指并击掌，他承诺，长大后如果当了将军，再路过我的治疗室，会带着他的警卫来看看我（这是我一贯的"伎俩"，借此在每个孩子的心里刻下一个"承诺"）。

我以为，治疗就此可以结束了，没想到他突然又大哭起来了，他说："可是，我还是害怕妈妈总是觉得我不好，妈妈和爸爸只喜欢妹妹。"

哦，我忘记了，这才是重点……

四岁之前，这个出生在湖南的孩子的爸爸、妈妈出外打工，把他留给爷爷、奶奶带。半年之前，爸爸、妈妈工作稳定了，才把他接到广州读书，而妹妹则是一直跟着爸爸、妈妈生活的。来到广州之后的他发现了爸爸、妈妈和妹妹的亲密，而他就像之前我们提到的"双灿"中的灿烂一样，感受到了自己和父母关系的疏远，也感受到了他内心对妹妹的嫉妒。

也许，交个"女朋友"只是他想和女性亲密的一个途径……

我问："妈妈是男人还是女人？"（今天，他是和爸爸来的，我还记得之前来过的那个焦虑无比的妈妈）。

他突然破涕为笑："妈妈是女人。"沉思了一下，他又说："女人是成不了大事的。"

虽然心里有点儿"不爽"，但是，对着这位未来的"将军"，我还是继续拖长声音说道："是——啊！那要不要和她计较？"

"不要！"他坚定地说。

看着他那张长大后可能很帅气的脸，我对他说："无论怎么样，她把你生得这么漂亮（可以这样描述小男孩），又这么聪明（他能看懂那首诗，我已经大大地赞扬了他），我们是不是应该对这个妈妈心存感恩呢？"

"好，就像我们老师说的，感恩她生下了我们。"他又开心了。

"所有的苦难和磨炼都是为了让我们成为一个很棒的人，不经历苦难，难以成为出色的将军，对不对？"这样的孩子，大道理他基本上是懂的，我以"苦难"与他"共情"。

"对！"他再次和我击掌。

那段时间，我主要从事青少年的心理治疗工作。那天我很开心，第二个将来要成为"将军"的孩子，在那一天诞生了……

四岁的孩子，已经有了自主意识，已经知道了爸爸、妈妈对于自己的保护是十分重要的！可是，爸爸、妈妈还是为了"钱"背井离乡离开了孩子，孩子的潜意识里认为，自己没有"钱"重要，爸爸、妈妈爱那个叫"钱"的东西胜过爱自己。于是恐惧和自卑的心理在孩子的心中滋长。像上述主人公那样，爸爸妈妈在离开家乡之后又生了孩子，而那个孩子却能和爸爸、妈妈一起生活，这样，孩子内心的自卑感和被抛弃感就更深了。

好在这个故事的主人公的母亲在接下来的时光里，开始用心地对待他这个"失而复得"的儿子了。再度看到那个男孩的时候，他胖了很多，也快乐了很多！

我知道，这些改变也有他"生病"的功劳，妈妈不得不关注他、关心他了，他的自信和自尊慢慢恢复，能不能顺利地和女孩子交往很重要，但能自信地和女孩子交往，才是一个男孩子真正的成长之路。妈妈的关心和接纳，给了他培养自尊心和自信心足够的养分。他是个聪明的孩子，知道通过自己的努力，重获父母的爱和自己对生活的信心。

祝福他，也期待千千万万离开自己孩子的父母亲们早日回到孩子的身边，因为他们需要你们。

癌症晚期的女孩

二十二年前一个漆黑的夜晚，在广东乡下的一个私人诊所里，一对夫妻和从大山里赶来的岳父、岳母，正在焦急地等待着一个小生命的来临。

他们已经做好了准备：如果生的是男孩，他们就留下；如果是女孩，趁着夜黑，就让两个老人把孩子扔到大山里去。当一声孱弱的啼哭声划过黑暗的时候，所有人的心都凉了，是个女孩，十分瘦小，可能活不了。父母当即决定，按原计划扔掉她，这样就不会被村里管计划生育的人发现，以后还能有机会再生个男孩。老大是女孩，农村计划生育的政策是一家只能生两个孩子。现在，这个孩子这么瘦，即使要了，她也可能活不了，所以，这可能就是她的命吧！这个刚做了小女孩妈妈的女人无奈地看了看自己的孩子，她第一次也是最后一次让孩子吃了奶水，然后含着泪把她交给自己的母亲……也许是心疼女儿，也许是一个母亲内心柔软的部分被触动，当这个外婆手捧着这个女孩要放在事先准备好的包裹里的时候，她不忍心了。她对女儿、女婿说："把这个孩子给我吧，我来养。"就这样，在这个漆黑的夜晚，女孩子的生命走向了光明——外婆把她放在竹篮里一路奔波，带她进了山里。

如今，这个女孩儿已经二十二岁了，就坐在我的面前。她告诉我，她是个晚期肿瘤患者……

我就叫她英子吧，她长得白白净净，比较漂亮，而且很耐看。个子有点儿矮，一米五

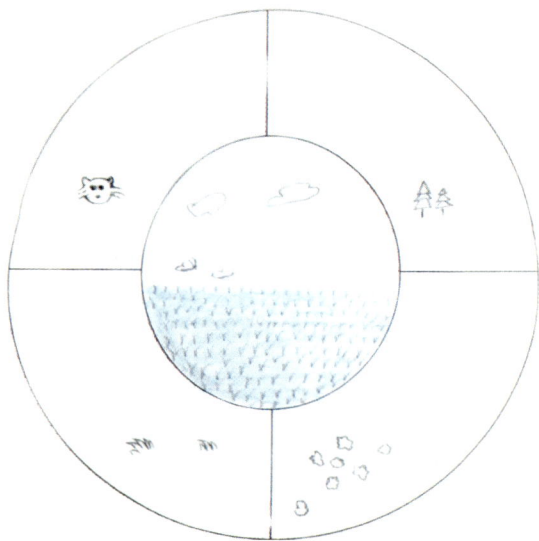

心理曼陀罗

左右的样子。她很乖，按照我的要求做了完整的作业：曼陀罗心理画和"小时候有印象的事情"。

第一次治疗，我们看着她的曼陀罗画探讨——

画的左下角画的是爸爸妈妈的关系，她画了两束草，好像在随风飘动。我让她讲述自己的父母的时候，她开始淡淡地讲述，嘴角是淡淡的笑意，没有任何悲伤，沉浸在一片温馨的回忆里面：

"我是外公的心肝宝贝。"她说，清晨她的美梦总是在爱唱歌的外公的"太阳出来啰唉……"中苏醒的，爱笑的外公每顿饭前都要喝一口白酒，粗犷的男人对这个小外孙女总是温柔有加。外婆是个善良的女人，她很坚强，教给了她很多做人做事的道理。她讲这些话的时候，脸上满是幸福。接着，一丝哀愁轻轻掠过她消瘦的脸庞，她继续讲述着：她的妈妈是外公的大女儿，上面还有三个哥哥、两个弟弟、一个妹妹，这弟弟、妹妹也就是英子的两个小舅舅和阿姨，也是半大的孩子。尽管外公、外婆对英子百般疼爱，英子也不敢太放肆，她不想让自己的舅舅、阿姨不高兴。

从有记忆开始，英子就经常听到街坊邻里说，她是外婆用篮子提回来的，言谈中的调侃意味让英子很自卑，她很怕别人说她不好，怕这个家的人不喜欢自己。她也一直努力地做一个很乖的孩子，她一直也很自卑。每当她做错事的时候，总是自个儿躲起来，不敢说话，直到确定家里人或者别人不会责怪自己为止。她也从来不敢要求什么，不说自己喜欢什么，大人说怎么样就怎么样，从来不反对。当夜深人静的时候，这个小小的人儿，常常躲在被窝里哭泣，思念自己所谓的"爸爸妈妈"，她见过他们，却从来不敢和他们亲近，因为她害怕外公、外婆不高兴，舅舅、阿姨们不要她了……

您也许很奇怪：我要求英子介绍的是她的父母，而她却是从她的外公、外婆说起，而且说了很多。其实，英子的潜意识是这样的：在她的心里，早已认可了外公、外婆承担的这个"替代父母"的身份……

"八岁的时候，为了能读书，我从大山里出来了，回到了妈妈的身边，可是，那时候，我已经没有了爸爸。"她又对我不好意思地笑了笑，我心里却感受到满满的哀伤，我相信，这也是此刻她心里的感受。她说，她的爸爸在一个漆黑的夜晚，喝酒后出了门，被火车撞死了。

"回到妈妈家之后的情况怎么样？"我问。

在她之后，妈妈还生了一对双胞胎弟妹。英子向我描述了她所要面对的家人的特点：妈妈比较啰唆，一心只想着劳动，养活这几个孩子；姐姐善良，爱唱歌，但脾气急躁；弟弟学习很好，但是不懂事，也善良，爱唱歌；妹妹的性格像个男孩子，有很多的男性朋友，她称他们为"哥们儿"，经常"痛经"。她说，回到妈妈的身边后，自己和妈妈、姐姐、弟弟、妹妹相处得都很融洽，"但是，我从来不会撒娇，从来不会反对任何人的意见。姐姐和弟、妹都爱在家里唱歌，我也爱唱歌。但是，我一直没有勇气在家里唱歌。我害怕一不小心妈妈不高兴了，姐姐、弟弟、妹妹会不高兴，所以，总是小心翼翼的。上学之后，在学校我也不会得罪任何人，我害怕有人因为我而不高兴"。英子说着说着低下了头，"我初中毕业后，妈妈和姐姐不能承担我和弟弟、妹妹读书的费用，就让我来广州读技校，早点儿出来工作赚钱，全家供弟弟继续读书，我也答应了。我生病后，学校和同学捐助的钱，妈妈一直保管着。现在，我的病复发了，妈妈说，既然治不了了，就拿这些钱去给已经不读书的弟弟盖房子吧，为了给弟弟娶媳妇用。"

"岂有此理！"一瞬间，愤怒在我的内心里升腾，"理性的我"跳出来稳定了我的情绪，让我回到当下，追问自己那个被激起的愤怒的"我"到底是谁？是被压抑了的另一个"英子"吗？我来不及多想。

五年前，英子因为身体不适去医院就诊，发现患了双侧卵巢癌，于是，她做了双侧附件和子宫的切除手术，之后，又做了几个疗程的化疗，英子好不容易活过来了。可就在几个月前，英子体检时发现，癌细胞已经向腹腔和肝脏转移了……

我询问英子，现在她的主治医生的意见是什么。她说："不知道！"

医生告诉她，癌细胞已经遍布她的腹部了，她觉得再也治不了了，就只是开了些中药调理。我建议她再去多咨询几个医生，看还有没有其他可行的治疗方案，一定要做最大的努力。当年那个睡在篮子里的孩子，大家都以为她活不了了，可是，她不是也活过来了吗？

英子说，她很淡然，只是内心里有些忧伤……

每个人刚出生的时候，都是通过妈妈的眼睛来看这个世界的，也是通过妈妈的眼睛、妈妈的表情、妈妈的言语表达来认识自己，了解自己，定位自己的。一旦孩子因各种原因离开了母亲，孩子的"另一部分"可能就丢失了，结果就是这些孩子会穷极一生做一件事情——寻找自己。

虽然英子的外公、外婆给了英子无微不至的关怀，但是，那只是关心孩子的身体，孩子和世界的连接在离开妈妈的那一刻断裂了。没有"完整"自己的孩子，不可能安全地去探索外面的世界，自卑和不自信组成了这些孩子最基本的人格结构。和他人相处，英子的感受和灿烂的感觉一样，"总是感受不到和别人的亲密感"。英子说："当我病了之后，很多同学、老师给我捐款。但是，我始终感觉不到温暖，内心摆脱不了深深的自卑感，我也始终感受不到妈妈对我的感情，总觉得她对我很冷淡，我始终不明白，我的内心为什么总是空的，没有踏实感。"

我和英子分析，她的爸爸可能因为一连生了两个女儿，自尊心受到了一定的打击。但是，任何一个男人，对于自己的女儿都是疼爱无比的，那句"女儿是爸爸前世的情人"，是有一定道理的。所以，可以想象没有能力亲自抚养自己的女儿，有可能会给这个男人再次带来更大的失控感和无能感！也许，英子爸爸的死亡是有因可寻的，因为即使是喝了酒的人，火车来了，不是潜意识想死，内心也会害怕，知道躲避的。所以，爸爸的心理也许有逃避的机制。我和英子共同被这个推论吓了一跳，那么，英子呢？

"我也在逃避吗？"英子问自己。

记得有个心理学专家这样说过，从心理学角度讲，癌症患者就是自己杀死自己！因为任何一个人，最疼爱他的都有可能不是他自己，而是他的父母，即使那份爱因为各种原因而变质，即使哪个父母出现了虐待孩子的行为，孩子的身上也有父母的投射，也许就是因为父母不能接受真实的自己，而通过虐待孩子来虐待他们自己，所以，虐待孩子的父母，实际上和孩子的内在连接更紧密。

如果英子和爸爸一样都有逃避机制，那么，英子是在追寻爸爸的脚步吗？是因为在她的心里，其实和爸爸的联结更紧密吗？！

在英子最需要妈妈的时候，妈妈抛弃了她。到了大点儿的时候，爸爸的离开，从某种意义上讲，也是对他的孩子们的"背叛"。虽然有爷爷、奶奶这对"替代父母"的照顾，但是，在一个人的成长过程中，亲生父亲和亲生母亲仍然是不可替代的角色。更小的时候，主要是妈妈的责任，大一点儿的时候，一个人要走向社会，爸爸如何和别人打交道，爸爸如何能积极地在外工作养家糊口，都对孩子们起着重要的示范作用。

需要妈妈的时候，妈妈"扔"了自己；需要爸爸的时候，爸爸已遥不可及。现在的家里，自己可有可无，也许，自己真的不该留在这个世上。于是，英子选择了放弃自己，于是，癌症闻着味道来了。

我和英子再一次被这个结论惊住了。

"怎么办？！"我问英子，英子也问她自己。

再看英子在治疗前画的那幅画：椭圆形的曼陀罗画中间的圆里面，下面是密密麻麻的小草，被染成浅蓝色，一眼看上去，好像是英子身体里密密麻麻的癌细胞在疯长。画面的天空中飘着白色的云朵，好像英子随时可以飘走的生命。那疯长的小草，又何尝不是英子对于活着的渴望？飘浮的云朵，又何尝不是英子随风而动的伤心和难过……

这次的治疗快结束的时候，英子说："我想活，我真的想活下去。"我问："那该怎么办？"她说："我要让我的每一天过得很好。我要找份工作，好好爱惜自己，不逃避，让自己开心起来。""首先是找一份工作，然后和家人商量以后怎么办。因为医生说，需要做一个介入手术，阻止肝内的肿瘤生长。"

我看着英子，坚定地说："在你出生的时候，你已经在别人以为活不了的情况下，让人意想不到地活下来了，你的身上有着传奇的色彩，现在，我想和你一起等待奇迹再次出现……"她默默点头。

再见英子

一周之后，我们再次约在治疗室见面。今天，英子化了淡淡的妆过来，长长的马尾辫扎在脑后，看起来清新自然，但是，从她脸上看不到朝气，只有疲惫。她偶尔咳嗽，做了好多年内科医生的我，推断她应该有一些肺部感染，我也担心，她是否有癌细胞转移到肺部。肺是人体的呼吸器官，我曾经思考过，肺部患癌症是否和一个人内心里有愤怒而不能"出气"（宣泄）相关？

这次，我们按照计划，继续看了看英子上次带来的她画的曼陀罗图，图中的情境是这样的——

左下角的父母关系，英子画了两棵小草来表现。左边相对比较茂盛的代表着英子的妈妈，右边的小草代表的是爸爸，相对比较弱小。从方向上看，虽然爸爸朝向妈妈，但是，妈妈是背对着爸爸的。我问英子，从她得到的所有关于爸爸妈妈的关系的信息中，感觉妈妈和爸爸两个人哪个相对来说比较强势？英子说，是妈妈。我问为什么，她说，妈妈长得比较漂亮，像外婆，外公家比较富裕，而爸爸家比较穷，妈妈的婚姻是外公外婆做主的，妈妈对她的婚姻并不满意。我想：如果是这样，和英子妈妈朝夕相处的英子爸爸应该能感受到妻子对他的不接纳，这进一步验证了爸爸"想逃脱"的心理背景。

左上角的亲密关系里，英子以一个小猫的头来代替自己，表示她始终像一只小猫一样，总是自在地活在自己的世界里，和别人保持着距离，这种警惕性也许就来源于二十二年前那个幼小的孩子被硬生生地和妈妈分开后，孩子要自己活下去所激发出来的一种警惕性，包括后来和外公外婆一起生活的日子里，失去了妈妈保护的孩子自己应对环境所产生的内在技能。

我和她分享了我们一起工作的这两次见面时的感受，表面看起来比较"和谐"，但职业敏感让我感到自己总是不能进入到她的心里并和她建立比较亲密的关系。她承认是这样，以往和任何人相处，她都感觉自己就是那只猫。"和妈妈相处也是这样吗？"我问。"是的。"她肯定地回答。我轻轻地问："那么，也许你的妈妈并不是不爱你，只是，你和人相处的这个方式，让你没有办法感受到妈妈对你的爱，是吗？"她看着我，没有回答。我即刻决定等会儿给她做一次催眠。

右上角的图画显而易见，那两棵小树是英子和她的妈妈。"相对独立又相守，是你们两个吗？"我问。"是的。"英子回答。"这两棵一大一小的圣诞树有什么特征呢？"我再问。英子仔细再看之后回答："树尖像刀。""是否你们两个相处时有彼此攻击的成分？""是的。"英子回答。

右下角画着小花，那是不自信的英子怯怯地对美丽的追求。

让我感触最深的是曼陀罗画中间的那部分，我想帮助英子抓住那些想强烈地活下去的渴望，于是，我为英子进行了一次催眠治疗。

英子在这次催眠的过程中，再次面对自己的母亲，英子看到了妈妈其实是爱她的，如果还有治愈的希望，妈妈还是会坚持给英子治疗的。在催眠中，英子也和自己的父亲相遇了，父亲鼓励英子积极战胜病魔，照顾好自己，笑对自己的命运，我能感受到英子在治疗后，已感受到了亲人的爱和关怀，这个让人爱怜的女孩儿变得柔和起来了……

那次治疗之后，英子说，暂时不来做心理治疗了，她要回到家乡去好好治疗她的肿瘤了。如今，一年半的时间已经过去了，英子，你还好吗？

我国有个老中医叫汪绮石，他在《理虚元鉴·原序》中总结道："人之禀赋不同，而受病亦异。顾私己者，心肝病少；顾大体者，心肝病多。不及情者，脾肺病少，善钟情者，脾肺病多。任浮沉者，肝肾病少；矜志节者，肝肾病多。病起于七情，而五脏因之受损。"

还有一位老中医叫陈实功，他在《外科正宗·乳痛论》中总结道："忧郁伤肝，思虑伤脾，积想在心，所愿不得志者，致经络痞涩，聚结成核……名曰乳岩；郁结在脾，肌肉消薄，与外邪相搏而成肉瘤。"

他们都在告诉我们：疾病，特别是肿瘤这种疾病，往往和心中郁结相关。我真的希望英子能成为一个捍卫自己生命的"顾私己者""不及情者"，之后再做一个"任浮沉者"。

最后，我想把英子的痕迹留在这里：

自记：小时候记忆中只有外公外婆，爸妈是什么感觉不知道。

晚上天黑了，他们还没回家，我会开着灯在门里看着哭，等他们回来擦干眼泪，从不敢对他们说。应该没有撒娇过，从小被用围的人说，我是被妈妈用盘子装来的，所以从来不会不听话，大人说怎样就怎样，害怕被遗弃，从小就是乖乖小孩，做错事，我就会躲起来，不敢说话，大人喜欢怎样，我就怎样做，从来不要求自己需要什么喜欢什么，经常在被窝里哭，想所谓的"爸妈"，从不敢对别人说。

第二章

和父亲职能有关的故事

父爱如山，浩如烟海

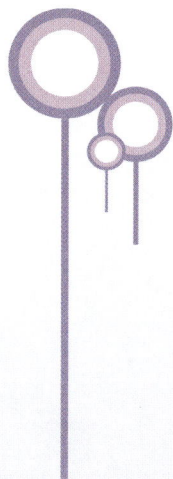

父亲要打猎　父亲要耕田
父亲要开机器　父亲要改变这个世界
父亲从来就那样地忙碌
他的眼睛看的是外面的世界
父亲总是那样地神奇　带回来温饱和传奇
父亲　因为和世界相连
充满了神秘　给了孩子幻想的天地
父亲　也因为他的力量
有时候会和暴力连在一起

如果把母亲比作月亮
父亲就是一个家的太阳
月亮带给我们柔和的安全和休憩
太阳则是带给孩子光明和未来的希冀

父亲　你在哪儿
父亲　你可安好
当太阳不再骄傲地屹立在山的那头
当月亮浓浓地没有了边际
当日月倒转
河流没有了前行的动力
植物没有了应季的生息
山川没有了万物的相依
太阳和月亮的孩子　就会停下他的脚步
把目光投向父亲和母亲

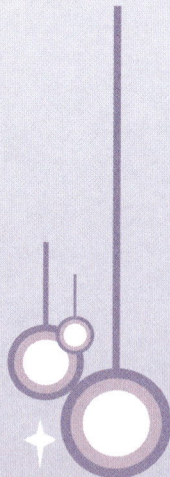

一个家庭里三个抑郁的孩子

姐弟俩总觉得身体是空的

虽然我们说，一个孩子的命运是由母亲决定的，但并不是说，父亲在孩子的成长中，就不那么重要。

就像我们要做馒头，母亲把面粉揉成了生馒头的形状，但要成为熟的馒头，接下来，还是要看孩子爸爸这个"蒸笼和火候"了。

另外，在有的家庭里，父母的职能角色是颠倒的：母亲承担"父职"，父亲承担"母职"。这个问题，我们暂时不在这里谈论。后面的一些故事里，讨论了这样的家庭对于孩子的影响。

今天，我们就从几个个案里，看看父亲在家庭中的作用和对于孩子的影响，我首先想到的是春晓姐弟的故事——

春晓和哥哥带着已经十八岁的弟弟阿斌来广州找我做心理治疗。弟弟被外地一家精神病医院诊断为"双相情感障碍，目前为抑郁症"而服药治疗两年了，包括一次多达四个月的住院治疗，还是没有任何效果。所以，他们试着来广州看看能否做心理治疗。

在一个清清凉凉的下午，我接待了这三兄妹，令我有点儿吃惊的是，这三兄妹中，哥哥以前也得过抑郁症，只是经过自我调整后情况才有了好转。姐姐和弟弟目前都处于抑郁状态，两个人不但情绪低落，还有一个共同的特征：都感觉自己的身体是空的，感

到很乏力，没有精力去工作。姐姐同样已经在当地治疗了很久，也没有见好转。

知道了这些，在临近下班的时候，我临时为他们安排了一次家庭治疗，以了解他们的基本情况。

这三兄妹，哥哥憨厚老实，话少。但是，给人的感觉很暖心。

姐姐是家中的老二，白白净净的，挺漂亮的一个女孩。她对陌生人有种不信任感，不是很容易袒露自己内在的真实情感的（这种感觉也被之后转介给她的心理医生所证实。我负责了弟弟的心理治疗，就需要把姐姐转介给其他的心理医生）。

帅气的弟弟给人的感觉是有一种超脱的精明。但是，他的眼神却暴露了他内在的彷徨和游弋。

这是我接触三兄妹三次之后，他们留给我的大体印象。

那天，哥哥和姐姐坐在我的右前侧，弟弟坐在我的左前侧，我们四个围成一个圆圈。当我问到他们的家庭，以及阿斌的情况时，哥哥、姐姐安静地坐着，而阿斌却坐不住，他一直说很烦躁，不时地走进走出，说他胸闷、心慌。

在谈话的过程中，当我希望阿斌讲话的时候，他的姐姐总是按捺不住要插话，不给阿斌说话的机会。同时，她反复地说阿斌，"他脑子是空白的""他这个人是不会说话的""他这个人是不懂的"等。

当我把话题转向阿斌的哥哥的时候，哥哥看起来老实憨厚，但还是能表达自己的看法，或者很清晰地回答我的问题的。但是，阿斌的姐姐还是不停地插话，兄弟两个对此表现得很不耐烦。可是，他们又觉得"没有什么"。我让兄弟两个多次体验阿斌姐姐的插话。他们还是说，没有什么，说得最多的是"不耐烦"。

接下来，我好奇地询问了他们父母的情况。阿斌父母的情况，其实我从三兄妹的表现里都预感到了，和他们描述的差不多。

母亲没有文化，但是，漂亮、聪明、急性子，靠着勤奋好学，自己学会了如何去鉴别真假玉石、金银首饰等。于是，他们家开了一家首饰店，妈妈负责进货、卖货，他们的爸爸刚好也对手工艺品制作有天赋，负责首饰的雕琢加工。

爸爸做事不急不躁，无论遇到什么事情，都慢慢腾腾的。他一辈子没有什么朋友，对社会新闻、娱乐八卦从不感兴趣，除了做事，他也没有任何别的兴趣，和自己的孩子沟通也很少。

母亲经常埋怨父亲做事不力，家里里里外外都是母亲一把手操劳。孩子们从来也没有看到过父亲给母亲说过一些"好话"，即使自己做错事情了，也会坚持不承认自己有错。姐姐评价自己的父亲"是个实在没有用的男人"，哥哥认可妹妹的看法，但是，他说父亲"对孩子们还是挺好的，只是不会沟通"。

"我感觉你们的父母并不是对对方没有感情，只是他们不懂得怎么沟通，你们觉得呢？"基于哥哥对父亲的评价，我问他们。

"是的，是的。"姐姐答道。

"他们说话总是牛头不对马嘴，是吗？"我再问。

"是这样的。"哥哥答道。

我试探着问道："那么，有没有可能出现这样的情况。你们的母亲能说会道，经常按照自己的推断说事，总是不顾及你们父亲的想法。时间长了，你们的父亲就习惯性地针对你们母亲的观点来说话、做事，往往是即使自己错了，也以错的方式故意惹你们的母亲生气。"

"大概是这样。"两兄妹都认可。

这下，我大概了解了这一家人之间的互动了。

姐姐和两个兄弟正在以父母相处的方式相处着，哥哥像极了父亲，姐姐像极了母亲。而阿斌，面对像妈妈一样的姐姐的时候，他不像他的爸爸那样做正面的反抗。但是，他会以别人觉察不到的方式"逃离"！

此刻，阿斌正在姐姐的鄙视中，以身体不适为借口，试图逃离这个治疗现场。而他确实也是身体不适，因为作为亲人和弟弟的他，不能让自己内在的不满进入他的意识层面，又或者，这些不

满曾经来过他的意识层面，只是被无情地忽略和打压了……

自然界任何被压抑的东西是不会消失的，人的情感、情绪也是一样的，因为那些都是能量。能量只能转换，或者以别的方式进行宣泄。

现在，全家人对阿斌是最为不满的，因为阿斌经常以赌博、情绪失控的方式在家"折腾"。他所说的自己身体各种各样的不适，也成了不正常的借口。

当我分析他们的父母互动模式的时候，姐姐好像恍然大悟似的说："我明白了，我爸爸的那些固执和执着，其实，就是在反抗我的妈妈！"

看到我点头，姐姐着急地问："为什么会这样呢？"

"那是他们的相处模式，也许与他们的成长背景相关吧！"我建议，他们回家后，仔细了解一下他们的爸爸和妈妈的成长背景，也许，之后我们在一起可以梳理出他们为何会有今天这样的相处模式。

"我们为什么会像我们的父母呢？"姐姐问。

"耳濡目染。"我回答，而非遗传。所以，父母是对孩子影响最为深远的模板，多数时候，并不是遗传基因的问题。

兄妹两个面面相觑，当我把他们的问题归咎在了他们的父母、他们父母各自的家庭的时候，一直在旁边走来走去的阿斌，竟慢慢地安静了下来，怀着好奇和疑惑……

一个家庭，就是一个小社会，而小社会永远不会脱离于大社会。没有哪个人的成长是不受这个小环境、大社会的影响的。

当把来访者的问题放在小环境、大社会里去探讨的时候，我们常常会看到，无论是家属还是来访者，都会多少摆脱掉那些已经戴了很久的精神枷锁，轻松地、自然地在心理治疗室内去探索自己，探索自己所处的家庭、家族及社会，然后探索出一条自己能走出去的道路。

这三个孩子的父亲在家里没有任何的决定权，即使家里有个事让他拿主意，他也永远拿不出个主意来。但是，当大家决定做什么事情的时候，他却总是持反对意见。当然，他的反对意见常常是无效的，这在孩子的眼中，自然而然地被评价为"无能"。当一个男人没有雄性动物所"应该"有的骄傲、自信和尊严，和他的孩子们内在渴望的"父亲"形象背道而驰，所以，他的地位被自己的妻子和孩子们架空了……

也许，这就是春晓和弟弟阿斌总觉得他们的躯体是"空的"的原因！因为，他们在成长中缺少一个"刚性"父亲的角色！那个"父亲"，在孩子们的心目中，是自信、是勇气、是自尊、是定海神针，是一个孩子要真正屹立于这个社会的需要内化的力量的源泉，是孩子们被发射到社会的弓，是监督着孩子去社会上遵守规则、承担责任的"守护神"。

三个孩子除了他们的哥哥自己强迫自己去工作，逐渐从抑郁症状况中走出来，并能坚持做一份工作，拥有自己的女朋友外，春晓已经二十九岁了，她还不能和男孩子正常相处，她找了数份的工作，都和弟弟一样半途而废，不能坚持。但是，他们内在的渴望和力量还在，于是，有了我们的见面和一段时间的陪伴。

沙盘里没有穿裤子的孩子

阿斌坚持了十多次的治疗，之后在哥哥的支持和帮助下，找到了一份体力活开始工作了。哥哥是按照我的想法做的。我告诉他，在做体力活的过程中，能增加身体的力量、减少情绪的困扰。阿斌表示，他愿意在疾病好转之前，试着边工作边治疗。

姐姐春晓的心理治疗进步却不大。因为，她表现出了对心理医生的不信任，重新选择了服药治疗。在她回老家之前，她希望能体验一次沙盘游戏治疗，我满足了她的愿望。

于是，我们约在治疗室见面，她完成了一次沙盘游戏的过程：

她在沙盘的左中部，放了一个穿着紫色长裙的"公主"，在沙盘的中右侧，放了一个捂着耳朵的猴子，在沙盘的中间，放了一个上身穿着粉红色毛背心的女孩，小女孩没有穿裤子。

春晓犹犹豫豫地选了大概十多分钟的沙具后，完成了一幅这样的沙画。

可以说，沙画中的公主、

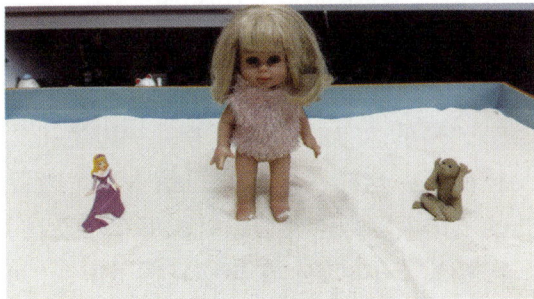

来访者方向

37

小女孩、捂着耳朵的猴子，都是春晓的内在部分。

她首先给我讲那个粉红色上衣的小女孩，她给她起个名字叫"性感女孩"；紫色衣服的女孩是"公主"，高贵典雅，她给她起的名字是"梦娜丽菲"；猴子是比较有灵性的，它望着天空在思考问题。

我让她仔细看看那个小女孩有什么问题。她这才发现，小姑娘没有穿裤子，说自己拿她的时候，没有注意到。我问她，如果这两个女孩都是她自己，她怎么解释这两个自己？

她说，在她读书的时候，因为父亲很懦弱，别人欺负家里人，他不敢和别人讲道理，更不用说去打抱不平了，所以，她经常被一些"坏男孩"欺负。小朋友就是这样，一个人欺负一个人，别的孩子也会跟着起哄。所以，她经常感到很自卑，觉得没有安全感，学习也不好。

当她勉强撑到初中毕业后，就跟着妈妈在档口卖金银首饰。她还给我看她手上的一条漂亮的手链，是她自己设计、爸爸帮他雕刻的，很漂亮。她和妈妈一样，对美的事物有天赋，她也认为，自己在挑选珠宝款式上的眼光是比较好的。不过，她这个能力如果用在其他地方，比如一些奢侈品上，就会让经济并不是很宽裕的其他家庭成员感到压力很大。

"在我的心里，我可能把自己当成公主了吧！"她说道。

之后，她拿着没有穿裤子的小姑娘思考了一会儿后说："也许，我和弟弟的情况一样，我们的家庭经济一般，爸爸妈妈都在吃力地赚钱，而我们却毫不顾惜，我买首饰、衣服、化妆品，弟弟赌博花钱，也买贵的衣服鞋子之类的东西，我们两个内心其实都是自卑的，就像没有穿裤子的孩子，死要面子（参与沙盘游戏的来访者，即使无意地拿起哪个沙具，也都是有迹可循的，基本都是来自他的潜意识）。"

"所以，你和弟弟的内心都是不平衡的，是吗？"我问。同时，我告诉她，弟弟在之前的治疗中，已经决定要学习一门技术了。现在，看她怎么想了。

"是的。"她一边思考，一边说，"也许，我们都要静下心来学习点儿技能了，这样，才能有自信。""当我们都有了技术了，就能找到好点儿的工作，多赚点儿钱，就像那个小女孩，穿上了裤子，身体就协调了。"

她放下小姑娘，拿起那只猴子说，"可能我也是这只猴子，整天爱幻想，却没有耐心做好一份工作，让妈妈整天说我丢她的脸……"

唉！一个不能保护孩子的父亲，一个如此评价自己孩子的母亲，他们的孩子，怎么能有自信地站立于这个世界，去竞争，去赢得自己的一片立足之地呢！

"也许，你的父母也和没有穿裤子的孩子是一样的。他们还没有学会如何和他人沟通，如何养育自己的孩子，就走进了婚姻的殿堂，生下了你们。"我对她说。

"是的，他们应该先学习怎么做人、怎么做夫妻、怎么做父母，之后再生下我们才好！"春晓很难过，也好像有点儿愤怒。

"但是，在那个年代，他们没有这个可能去学习心理学、去做心理治疗，让自己成长为合格的父母，你说是吗？"

"是的。"

"我们也不可能再回到过去。回到小时候了。"

"是的。"

"那未来的路，还是要靠我们自己去争取了，你说呢？"

"是的。"

"那怎么办呢？"

"做些让自己穿上裤子的事情吧！"春晓在思考。而如何能完善自己，给自己"穿上裤子"，可真是她自己的事情了……

我们每个人从出生的那一刻起，就没有办法选择自己的母亲；同样，也没有办法给自己选择一个父亲。

男人女人们，在你们成为父母之前，你们需要做些什么，来迎接你们的孩子呢？难道只是房子、车子、票子吗？

一个迷恋道教的男孩

母亲的爱，对于一个孩子的成长来说，就像块肥沃的土壤。但是，孩子们在这块肥沃的土壤待太久了，就会烂了根基，瘫倒在妈妈的怀里！

其中的原理就在于，当孩子们开始逐渐面对世界的时候，也就是孩子们的内在趋向远离母亲的核心抱持的时候。这时候，父亲的及时出现，正好迎接了孩子们的这种内在趋势，可以带着孩子、陪伴孩子走向外面的世界、接受新的教育，迎接和挑战一些人生的坎坷。在父亲的带领和陪伴下，孩子们更有足够的信心去领读这些不断地对他们提出新的成长要求的外部世界，接受这个世界给予自己的结交朋友、竞争获利、遵守规则、学习他人等的要求，全力以赴地去适应这个世界并在这个世界上争取到自己的一席之地。

孩子们被外面的世界吸引并试着把自己的双足迈向妈妈所在的家的门外，这往往是孩子成长的必然趋势，却不是母亲的选择。

对于一个母亲来说，生了一个孩子，她的生命瞬间得到升华；照顾一个孩子，更让一个母亲的生命得到充实。而一旦孩子长大要离开母亲，很多母亲就会处于一种内在的空虚和失控状态。长期和孩子相处，母亲们也倾向于把情感投射到孩子身上，特别是夫妻关系不好的母亲，一旦孩子处于叛逆期，或者有丝毫离开母亲的愿望，这个母亲就会处于"抓狂"的状态。

王贝贝是个二十岁的男孩子。他整天在家里打游戏、看道教书籍、练气功，有时候还在家里点着香行礼，口中念念有词。

一个人如果有这个爱好，闲来无事做做，倒是可以理解，但贝贝已经高中毕业三年了，乡下的土地已经被征收，没有农活可干，村里的年轻人都外出打工或者做一些自己喜欢的工作，可贝贝丝毫没有要工作的打算，他全身心地在家做这些事情，家里到处贴着一些道家的"符"之类的东西，贝贝还买了好多关于道教的书籍，除了游戏，就研习这些，家人怀疑他已经走火入魔了，说教无用，才不得不带他来精神病医院求诊。

来医院前，贝贝坚持认为自己没有问题。家人说，是带他来广州见一位"大师"，才骗他来到我们医院的。医生检查说，他已经有了幻觉和妄想，贝贝即刻被建议进行住院治疗。

我对一个大男孩如此潜心学习道教也感到好奇。因为他们是我的朋友介绍来的，把贝贝送进医院住院后，我约见了贝贝的家人——贝贝的父母和姐姐。

我常有这样的感慨：一个选择逃避现实的孩子，身后很可能有关系不可调和的父母。

果不其然，贝贝的父母给我的第一感觉就是两个人相差很多。

单从外表来看，贝贝的母亲因为辛苦地劳作，风吹日晒，像很多南方的农村女人那样，皮肤黑黑的、皱皱的，身材瘦瘦的，是没有多少文化知识的农村妇女模样。而贝贝的父亲比较白，胖胖的，穿衣服也比较讲究，说话比较慢，有条有理，举手投足间就像个农村干部。

贝贝的父亲认为，自己完全可以赚钱养活妻子，希望妻子不要干那么多农活，在家里好好做饭（据说，她做饭不好吃，她也不喜欢做饭）。而贝贝的母亲说，她不信任自己的老公。虽然他给了她足以生活下去的费用，她也知道他能养活起自己；但是，他在赌博，这一点她不能接受。她说，一旦他的钱包里有钱，就可能去赌博。

说起两个人的关系的时候，贝贝的父亲一副讨好自己妻子的样子。可是，贝贝的母亲好像并不买他的"账"，大有"这个男人伤透了她的心"的感觉。我问贝贝的母亲，她的丈夫除了赌博，还有什么缺点。

贝贝的母亲说："他其实是一个别人都认为'很好'的人。"

我问她自己认为呢。她说："也是个'好人'。"

我问原因，她说："别人有什么要求，他都愿意帮忙。"

我又问："那家里的事情呢？"

她回答："家里的事情他经常顾不上，即使家里的事情很着急，别人叫他帮忙，他会丢下家里的事情就走了。"

我追问："你愿意他这样吗？"

贝贝的妈妈有点犹豫，但还是有点吃力地说："别人要他帮忙，肯定是要去的啊！"

贝贝的父亲也在一旁应和着："我这个人是好帮助别人，别人有任何需要，只要叫我，我都去！"

我问："为什么？"

"这说明了我人缘好啊！"他还特别强调说："我爸爸也是这样的。"

贝贝的父亲的父亲，也就是贝贝的爷爷，年轻的时候是一位远近有名的"文化人"。

那时候是解放初期，在农村有文化的人不多，贝贝的爷爷当时算是个有文化的"公务员"。他经常会放下自己家里的事情去帮助别人，贝贝的奶奶有时候少不了会抱怨，但贝贝的爷爷觉得那些抱怨都不值一提。

有一次，发生了意外，这个"人缘很好"的贝贝的爷爷，在一次扑灭山火的过程中不幸遇难了，从此，贝贝的奶奶就拉扯着贝贝爸爸四兄妹艰难地生活，日子虽然艰辛，但还是要努力地活下去，没有人能倾诉，贝贝的奶奶逐渐形成了在家里抱怨的习惯，稍有不顺，她就唠唠叨叨，直到现在也没有改变。她不断地抱怨天、抱怨地，抱怨外人、抱怨家人，好像每天都活在很多的抱怨里……

贝贝的姐姐已经外出打工了。贝贝的奶奶住在一楼，贝贝的父母和贝贝住在二楼，每天，楼下都能传来贝贝奶奶骂东骂西的抱怨声。贝贝的父亲经常在外赌博，贝贝的妈妈也开始不停地唠叨，只是她的唠叨声小过贝贝奶奶的声音而已。

贝贝那年没有考上大学，在家里待着，妈妈在给贝贝洗衣服、做饭的过程中，不停唠叨的频率明显增加了。贝贝现在不但不工作，也不做家务，就连筷子都不会用，因为妈妈每次给儿子准备的都是勺子。贝贝妈感觉照顾这个儿子很累，但她还在坚持做着，她只能不停地唠叨……

我是这样理解的，对于贝贝的爸爸来说，只有赌博那样的事情带来的刺激，才能让他暂时忘记所有的烦恼，包括妻子的唠叨。

我也大概能理解，为什么贝贝的妈妈那样地照顾他的儿子。因为一个女人一旦遭受情感挫折后，特别是来自自己所爱的男人，她就会用她那有限的能力选择退缩，这样，她就能只活在自己的世界里，她的世界里只有儿子，也只有在给儿子付出的时候，她才能看到自己，感受到自己；她把所有的精力放在儿子的身上，就像膏药一样地贴上去。这样做，她就不会那么寂寞了。

我也就能理解，贝贝的姐姐那天对着妈妈的哭诉："我也是你的孩子，可你对弟弟总是那么关照、那么好，却经常对我不闻不问，你这样很不公平。"

我也就理解了贝贝的逃跑行为。他想逃到虚拟世界的游戏、宗教里。那样，他就能和爸爸一样，不去面对烦恼，以此来保护自己……

最令我感到奇怪和意想不到的是，当贝贝住院之后，贝贝的妈妈无论如何也不愿意跟着自己的丈夫回老家，她一定要和自己打工的女儿住在一起，她要找一份工作做，一切只为了距离住院的儿子近，以便自己随时来看望儿子……

孩子是一个家庭的重要组成部分。一个优秀的母亲，应该有成熟的应对机制，并在和孩子的沟通中发展孩子的自我支持系统；一个优秀的父亲，会在孩子长大点后从孩子母亲那里接过接力棒，带着孩子走向外面的世界。

其中，身为父亲的一个重要任务，就是用行动告诉孩子母亲，长大了的孩子是不属于母亲的。如果一个父亲不能做到这一点，管理好、照顾好自己的妻子，势必会把自己的妻子推向孩子的身边，那么，这个父亲也会像贝贝的爸爸那样，没能将自己的儿子带出来"闯世界"，贝贝则完全被妈妈掌控着。妈妈既需要他，又厌倦他，这也许就是贝贝精神分裂的一个主要的原因吧！

如果贝贝的爸爸还在外游荡，不负责任，最终伤害的，将是他自己的孩子。

首先，孩子是他自己的，他需要拥有独立的人格和自我。灵魂的自由是每个生命的内在需求。"生命诚可贵，爱情价更高。若为自由故，二者皆可抛。"正是一个人追求灵魂自由的写照。其次，孩子才是一个家庭和他所处的社会的。那么，他的家庭和社会就会对他提出承担家庭和社会责任的任务。这个任务，就需要孩子走出家门，为社会创造财富，之后孩子才是属于自己父母的。

如果父母把这个顺序颠倒了，孩子的成才之路势必会受到影响，就像贝贝的母亲把孩子当成了她的私有财产，她没有把儿子推向父亲、推向社会，贝贝就成了她生命的一部分，而不是他自己了。记得网络上有一句流行语："有一种冷，叫我妈说我冷。"就是这种情况的真实反映。

女人在做了母亲之后，"原初母爱"让母亲将孩子拥到了自己的怀里。母亲和孩子的安全感在两个人的互动中逐渐加强加固，岁月如梭，母亲的身份没有改变，孩子却在慢慢地成长。适应孩子的成长，是令母亲既欣慰又痛苦、既享受又难过的一个过程。

当孩子刚出生的时候，母亲总是能体验到孩子的感受，孩子的感受也和母亲的感受紧密相连。但是，当孩子逐渐长大，孩子越来越多地被外面的世界所吸引，她想要逃离母亲控制的愿望会越来越强烈。我们看到，有一些孩子在父亲的带领下顺利地从母亲的怀抱中走出去，有的孩子却成了母亲羽翼下的牺牲品，就像贝贝那样。

我曾经接诊过一个患强迫症的男孩，十三岁。

他的妈妈认为，因自己小时候没有读好书，长大后经历了很多社会上的挫折，为了能让她的孩子将来有一个好前程，一定要让他好好读书，出人头地。可是，她的孩子就是贪玩。于是，她走到哪里都要带上他，即使是去送货的路上，她也让孩子坐在车上，带上书本做作业。因为她害怕一旦看不到他，他就会在家里玩手机和电脑游戏。

孩子的父亲对于孩子母亲的严加管教并不认可，但是，无能为力，也找不到理由反对，直到孩子因为强迫症而被母亲带着到处求医的时候，父亲才感到自己的"失职"。其实，他内心觉得自己的孩子没有多大问题（现在是确实已经出现了问题），但是，他还是选择了听从妻子，带着自己的儿子到处奔波……

这些可怜的孩子，表面看起来是被母亲的爱保护着。其实，孩子们的情感是被母亲毫不留情地剥夺和忽略了。父母们忽略了每个孩子都会像小树那样竭力地成长，过度的压抑势必会滋生愤怒和反抗，或者逃脱，严重者会发展成精神疾病……

今天这个社会，我们看到，越来越多被手机和游戏从妈妈的怀抱中夺走的孩子，也看到，越来越多变得"抓狂"了的母亲。一个家庭，不再是简单的父亲、母亲、孩子的关系，更是每个人后面都有部手机的"双层三角"关系。社会需要更多的父亲承担起管教孩子的责任。"爸爸在哪儿？"更是社会和孩子的内心共同的呼唤。

和妈妈不断纠缠的男孩

前文中，贝贝的妈妈一心扑在儿子身上，而这对母子却是相反的。

十三岁的男孩王岩不断地和妈妈纠缠。妈妈晚上偶尔有应酬外出，或者在外学习，他就不断地打电话让她回家；无论妈妈晚上下班回家后是否疲累，他一有兴趣，就逼迫妈妈和他玩捉迷藏、摔跤等，如果妈妈不愿意，他就不断地纠缠，甚至打妈妈。

那天，妈妈说，她差点要被儿子打死了。他们夫妻俩才带着王岩来看精神科医生。您可能会问，在这对母子之间，不是还有父亲吗？在母子两个纠结的时候，父亲在做什么？

王岩的父亲说："我管不了我的儿子，以前小的时候我可以用武力管住他，现在，他力气大，很多时候像发疯一样，我管不了……"

王岩的妈妈四十多岁。当我问及她的成长经历的时候，她眼泪汪汪地说起了自己小时候的事："在我小的时候，家里经济十分困难，我是家

里的老大，下面还有弟弟妹妹，我不但要做家务，还要负责照顾弟弟妹妹。弟弟妹妹可以撒娇，但是我不能，包括买一些自己喜欢的布娃娃之类女孩子都喜欢的玩具，妈妈都是绝对不会给我这个机会的。"

当我们一谈及儿时事情的时候，王岩妈首先谈及的是玩具，而王岩和妈妈现在最大的纠结之处，也是玩具！

王岩喜欢一种叫作乐高的玩具，它比较昂贵，随着游戏的升级，他需要的玩具价格越来越高，让王岩妈感觉难以承受。目前，王岩所要的玩具一套已经上万元。

王岩妈告诉我，王岩每一次索要玩具的时候，爸爸都以没钱为理由不买，掌管家中财政大权的妈妈开始也说不买，但是，每次都经不住王岩的死缠烂打，最后还是买了了事。过段时间，当王岩玩腻了现在的玩具，需要更高级或者别的游戏机、游戏程序或者玩具的时候，王岩和妈妈又开始了新一轮的纠缠、战斗。可想而知，最终还是爸爸妈妈妥协。

王岩的妈妈算不上漂亮，但是比较精明。也许正因为如此，她到了三十多岁，才不得已嫁给了王岩的爸爸——一个工作比较好，但是老实、木讷的男人。婚后两个人的生活说不上幸福，但还是比较满意的，当然，这一切都建立在王岩妈掌控家中财务大权的基础上。

说起自己的丈夫，王岩妈说，自己当年年纪大了，也是"无奈的选择！"听到这句话，我们可以想象得出，王岩爸爸在王岩妈妈心中的地位到底有多高。那么，如果一个妻子在内心里都对自己的丈夫不满意，那她怎么能够在日常生活中，在自己儿子的心目中树立起一个父亲的威严呢？一个男人在家中的威严和地位，不但在于这个男人自己的智慧和魄力，更在于自己的亲人如父母，特别是妻子对于这个男人的尊重和敬仰（相当于对于人类或者动物最原始的力量的敬仰），之后，才有孩子对于父亲权威的臣服和遵守家中的规则。进而，这个孩子走向社会的时候，才能臣服于社会的规则，遵守社会的规则而不至于遭受太多的人际困难。

这个社会对待每一个孩子是有要求的、理性的，并不像我们父母对待孩子那样，多是充满了浓浓的爱意。所以，在孩子单独走向社会之前，相对于母亲来说，更具有理性特质的父亲越早带给孩子权威和理性特质，这个孩子长大后越容易适应社会的权威和理性要求。反过来，像王岩般，学着母亲的样子，从内心里就不尊重父亲，而父亲也没有在孩子面前树立威严和规则，孩子不但不会尊重他，更不会尊重这个男人的妻子，也就是孩子的母亲，一次次把这个男人的妻子（女人在家中相对弱势）"打趴下"。我相信，终有一天，当王岩感受到自己更强大的时候，他甚至会把自己的父亲也"打趴下"。

曾经有一个女人告诉我，她的儿子一直不尊重她。但是，当她走进第二次婚姻以后，她的儿子还像以前那样对待她。她的新任丈夫毫不留情地警告这个新儿子："这是我的妻子，也就是我的女人。从今以后，她受我的保护，任何人。包括你、她最爱的儿子也要尊重她。否则，我会毫不客气。"

从那之后，她的儿子好像突然间长大了，再也不敢轻易对妈妈发脾气了，一家三口相安无事。在这个女人的新家庭里面，她是作为一个真正意义上的妻子和丈夫相处的。我相信，她也充分地信任着自己的丈夫。所以，这个丈夫才能在这个前提下，像一个男人一样去保护自己的女人。

另外，在男孩子成长的过程中，父亲作为一个成年男人，是男孩子成长的榜样。如果男孩的父亲不是孩子从小接受的社会教育中的男人形象，比如，高大、威猛、有力量等，又或者即使这个父亲不够高大、威猛、有力量，他也没有把一个顶天立地的男子汉的"虚拟形象"树立起来，男孩就不能认同自己的父亲，他会无意中进一步和父亲竞争母亲的关爱和亲密。这样的男士，一般在婚后都和自己的母亲关系亲密，进而，和自己的妻子关系较为疏远。同样的，女孩子的成长过程，也有一个认同母亲，继而发展出对父亲的爱慕、亲近、敬仰的过程。所以，一个父亲没有在儿子那里树立起男人的形象，和母亲没有在女儿那里树立起一个女人的自尊、自爱和谦和温暖的母亲形象一样糟糕！而父母关系的亲密，在一定意义上可以更好地促使孩子们早日离家，寻找到属于自己的和他的异性父母有相似特质的亲密爱人。

作为和父母一起生活多年的孩子，王岩不可能感受不到自己妈妈对丈夫的轻视，他之所以会一步步挑战自己的父亲，去"欺负"自己的母亲——父亲的女人，在一定意义上，他是以这种方式建立和自己母亲可以更加亲密的联结。同时我也认为，王岩爸爸不可能没有感受到自己妻子对于自己的态度，也许，潜意识里，他在利用自己的儿子去惩治自己的妻子。

王岩一直坚持做了三十多次的沙盘游戏治疗。多少年之后，再回忆这个个案、翻看王岩的沙画的时候，我突然发现，其实在王岩的心里，他也有强烈的渴望，渴望自己能有转变的机会。他一次次挑战自己的父亲，内心肯定也渴望自己的父亲像一个真正的男子汉那样来管教自己。

可惜，当初我没有意识到，王岩的爸爸也一直没有意识到这一点。王岩的许多沙画里都有这样的意象，包括如下图的动物和人的对峙，不就是他自己的内心里和自己动物性"野蛮"的部分在僵持、在对话吗！

治疗师方向

每一个孩子，只有在父母的呵护下才能健康地成长。所以，渴望成为妈妈所爱的孩子、爸爸所骄傲的孩子，这是每个孩子潜意识中的强大动力。

有时候，小时候未能达成的愿望，有可能带给他们一生的追求。王岩妈妈从小看着弟弟在爸爸妈妈的疼爱下长大，也许她内心对于被宠爱的渴望，造就了王岩现在的性格和行为方式。她对于王岩的纵容，导致他不断地提出要求、并且这些要求越来越过分。从这方面讲，可怜的王岩已经在不知不觉间，成了妈妈小时候的"替代儿"：代替妈妈向"父母"索求欲望的满足。

再看王岩，他刚出生就因"早产"被放在医院的保温箱里，生生地和妈妈分开了。一个月后，当他再次回到妈妈身边的时候，妈妈已经没有奶水给他吃了。出院后不久，因为出现"缺氧"症状，王岩又第二次和妈妈分开，这次，又是他一个人孤孤单单地在医院住了几十天。出院后，为了防止因"缺氧"留下后遗症，王岩又被父母带着去医院做理疗，每周三次。

在这里，我们看到了一个一出生就没有被妈妈的怀抱"抱持"的孩子！王岩今天的行为，也许折射出了他从小在心灵深处对于妈妈和母爱的欲望……

在上图里，不只呈现了王岩内心对于父母的攻击成分和自我管理、自我约束之间的对峙，更呈现了王岩对于母亲怀抱的本能渴望与社会文化、人文伦理所塑造的"超我"之间的对峙。

由此我们推断，小小的只有十二三岁的王岩，其实内心是有着强烈的矛盾冲突和难以言传的痛苦的，那些冲突和痛苦被压抑在他的潜意识深处，时时滋扰着他，所以，才有了今天的所有"不安分"……

我们每个人养育孩子，都有可能赋予孩子一些特殊使命，那就是把自己未实现的愿望，让孩子替他实现。比如，自己没有读过书，有了孩子之后，就一心培养孩子成为一个有文化的人。自己喜欢音乐，没有机会学习，等有了孩子就一心坚持让孩子学习音乐。自己小时候没有得到父母的关爱，有了孩子就给予孩子过多的关爱，直至溺爱。

让孩子成为自己小时候的"替代儿"的，多是和孩子比较亲密的母亲。

王岩的案例，再一次证明了在孩子刚来到这个世界的时候，母亲的抱持对于孩子的重要性。同时，也提醒父母们，在孩子长大后，父亲要隔离母亲和孩子的重要性！优秀的母亲不但要在孩子小的时候为他付出无私的关爱，还要在孩子长大后做好忍痛和孩子分离的准备与行动，并在养育孩子的过程中，用自己的言行，撑起孩子父亲的威严。

害怕父亲的女儿

我进入心理治疗行业不久，遇到一个女孩，名叫小雨，十六七岁的样子，因为总是害怕父亲而来精神病医院就诊。精神科医生给她吃了抗精神病的药物，之后转介绍她来做心理治疗。初次见到这个女孩儿，她给我的印象是：圆脸、小眼睛，皮肤稍黑，一米六多的个子，身体比较壮实。

她的母亲带她来到诊室，告诉我，小雨最近放学回家后总是躲着她的父亲，看见她的父亲就双手捂在胸前，害怕他看到她的胸部，大夏天的在家还一定要穿两件衣服。一家人在一个屋檐下生活，她洗自己的内衣一定要偷偷地洗，然后晾在自己的房间害怕爸爸看见。吃饭的时候一直低着头，夹着胳膊，害怕爸爸的眼睛扫描到自己的隐私部位。

小雨的母亲起初觉得好笑，之后是深深的焦虑和无奈。小雨的爸爸更是尴尬得不知如何是好。他们只能求助于精神科医生，但是，服用精神科的药物半年了效果仍不佳，于是，他们带小雨来做心理治疗。

我看到的小雨的妈妈是这样的形象：五十多岁的女人，皮肤白皙、身材丰满，穿着打扮对于这个年纪的人来说，还算是比较时尚；她在一家公司上班，据她说，工作能力还是比较能得到上司的欣赏的。

相反，六十多岁的小雨的爸爸，面容苍老，有点佝偻的背好像没有长开似的。乍一看，这对夫妻从外貌上就相差甚远。但是，小雨的父亲也自有他的优秀之处，他的炒股水平很高，并让家里的生活十分地富足。两个人年近四十岁才有了小雨，所以，对小雨十分地关心和爱护，本以为现在小雨已经读了重点高中，将来应该是"能靠得住"了，但是，现在小雨突然这样，两个人的生活彻底地凌乱了。

刚才我已经说了，这是我刚刚做心理治疗时接手的个案，隐含的意思是当时自己的治疗水平还欠火候。不过，我当时想帮助别人的热情还是足够的。如果是依照现在的经验，接手这个案子之后，我首先要看看这个家庭，小雨的父母的外表为何相差如此之大（相由心生啊）？还要问问他们什么时候结的婚？为何要选择彼此做伴侣？为何四十岁才生孩子？他们各自的家庭都有什么样的历史？我肯定能从这些信息里得到小雨今天得病的一些原因。

只是，时过境迁，这已成了我的一个遗憾。作为心理医生，我和所有的内、外科医生一样，都需要经历一个成长过程。

当然，我也感谢当初的自己，能陪着小雨走过一段路程。

小雨在我这里做了二十多次的心理治疗，在那段时间里，我通过意象对话，看到了小雨内心对于自己女性身份的不接纳，她的父亲潜意识里，也对有个男孩子有极强的渴望。小雨作为他们的孩子，内心是不可能不知道的。于是，她在冥冥之中，拒绝了女孩子已经拥有或者将来有可能拥有的一切。

通过和小雨母亲的见面，我看到了小雨妈妈对于自己婚姻的不满、对于丈夫的诸多怨言，她因此不愿意承担在家庭中的责任。

在和小雨爸爸的面谈中，我也看到了这个男人如今深深的痛苦和悔恨。而他的悔恨，让我对这对父母产生了一丝不满。小雨小的时候，妈妈不愿意做家务。就连给小雨洗澡，都是爸爸执行的，一直到小雨自己能洗澡为止。而每次给小雨洗澡的时候，小雨爸爸还遵照妻子的嘱咐，特意把小雨隐私的部位洗干净……

看到这里，您也许了解了造成小雨的精神问题深层的原因了吧？！

尽管小孩子不懂得保护自己，不理解作为父亲的那个男人对自己做了什么样的事情，但是，她却能把那些感觉深藏在记忆的深处。直到有一天，她强大了，她必须面对自己曾受过的"伤害"并去处理它了。但是，由于面对的是自己的父亲，她并不能把她的羞耻感提到意识上来。于是，潜意识的难受以周身的不适向"坏"父亲、不负责任的母亲宣泄了。

在不设防的情况下，当我让小雨设想她未来的丈夫是个什么样的人的时候，小雨对对方的描述，竟和她的父亲惊人的相似。

由此可见，在小雨的内心里，"好父亲"和"坏父亲"就这样在她的"本我"（人类的基本需求）和"超我"（社会文化对人的需求）世界里，以同样对等的势力呈现了。小雨劝阻不了自己，于是，"疯了"（行为怪异）。像上面描述的那样，像人们对于精神疾病描述的那样。

那时候，我没有"HOLD"住这个案例，没能让小雨在我的陪伴下继续走下去。治疗后的小雨虽然在人际交往上有了进步，也意识到自己的一些行为的潜意识渴望，但她极度害怕父亲看自己的心理，一直难以改变。她的父母之间的关系比以前有了好转，他们都意识到，在抚养女儿的过程中，没有做好的地方。只是，对于小雨的病情，大家还是束手无策，大概半年的治疗之后，这个个案脱落了。

大概一年后，我再次见到小雨的母亲。她说，他们又带着小雨去看了神经内科，被诊断为"脑炎后遗症"而在神经内科治疗。

我不知道后续的情况怎么样。今天，当我再次回忆起小雨的案例的时候，急切地渴望，如果小雨以及她的父母有机会看到这本书，看到这个故事，能尽快来我这里或到其他的心理医生那里做一段时间的家庭分析治疗。

几个月前，我发现网络上有一篇文章，探讨异性父母给孩子洗澡到多少岁的问题。

在这里，我说说自己的看法。当女孩子出生之后，父亲最好不要参与女儿洗澡的事情。而男孩子出生之后，就像我们之前所说的，孩子还是和母亲没有分离的，所以，母亲帮男孩子洗澡的时间可以适当延长，最迟到三岁，之后父亲就应该接手料理男孩子的日常生活。

当然，父亲越早参与男孩子的洗澡，以及孩子的教育，父亲和男孩子的关系越亲密，男孩子越能尽快地认同自己的身份，并能在父亲的引导下，更好地朝向"男人"的方向发展。所以，在男孩子的成长过程中，父亲的作用不可或缺，父亲应与男孩子肩并肩地陪伴他走路，父亲的男人气息会像阳光一样，播撒在男孩子的心里。

在女孩子的成长过程中，父亲则应走在女孩子的前面或者后面。走在女孩子的前面，是希望父亲能用男人的豁达和智慧引领女孩认识男人和世界；走在女孩的后面，是希望父亲永远用赞许的目光，关注并及时赞美自己的女儿。这些将是她这一生自信和骄傲的基石！

妈妈你在哪儿？

第三章

家庭里错位的情爱纠结

风平浪静的外衣下

掩盖的总是跌宕起伏的年华

无须追问命运　为何如此轮回
无须质问上苍　为何世间总是困苦相随
当亚当和夏娃的后代散枝开叶般繁衍
注定了这就是个酸甜苦辣都有的人间

不要问为什么　心有那么多的田
累着　苦着　也停不下来地盘旋
只望着天空和苍生　我要抓住
抓住人世的那一丝贪婪　敷衍

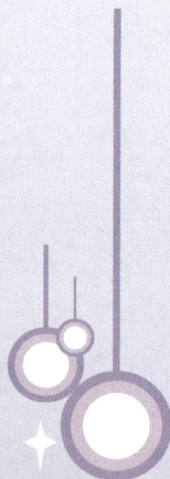

来看急诊的特殊女患者

连续一两个月的时间，急诊值班医生在早会上交班的时候，都会提到一个叫作贞子的女孩。

她几次三番因情绪低落尝试自杀。后来，因在公共场所自杀时被旁人发现，经报警后，而被警察带来就诊。

医生建议她住院治疗。但是，她的家人不同意。她的父亲在电话中告诉医务人员说："让她要不回家治病，要不死在外头！"

贞子也不愿意和她的父亲在电话里说话，她说，她恨他。

于是，她三天两头地来到医院里，总想和急诊医生聊聊天。急诊值班医生有时候比较忙碌，无暇顾及她，有时候出于同情心，坐下来开导开导她。可是，这总不是办法。

在急诊医生的建议下，贞子在一个午后和我见面了。

长发，瘦，一件黑色中长双排扣厚外套、牛仔裤、白色运动鞋，行动蛮快的，走路还算轻盈灵活，和我想象中的情绪低落、无精打采、行动迟缓的典型抑郁症患者的形象并不相符。

她很配合地跟着门诊的护士长大姐来到我的诊室，把背上的背包往一排靠墙的候诊凳子上一扔，就毫不客气地坐在我的办公桌旁，没来由的，我一下子就喜欢上了这个二十二岁的女孩子。

当我问她为什么三天两头往医院跑的时候，她噘着嘴巴，爽快地回答："我有抑郁症，我想在这里治疗！我爸爸让我回家治疗，我不想回家。"

说话时像个撒娇的小女孩。现在看来，我的感觉是对的，这段时间，她就是不断来医院撒娇来了。

当我问她为什么不回家治疗呢，她说："我家人对我都不好！面对爸爸时，我有心理阴影。"

心理阴影是心理学中的一个词语，贞子把它说得很自然。事实上，她确实接触过一些心理医生和心理书籍，只是最近因为经济问题，不能坚持做心理治疗了。

既然她说面对爸爸时有心理阴影，我们就从她的家庭开始谈起了。

贞子已经很久没有看到她的母亲了。在她的印象中，母亲是个长期忍受父亲打骂的可怜女人。小时候，她从没看见妈妈笑过，妈妈一直活在爸爸的暴力恐吓中，直到后来他们离婚了，妈妈带着姐姐嫁给了另一个男人，留下贞子和弟弟与父亲一起生活。

妈妈的离开并没有让爸爸有所反思，除了给贞子一个家、姐弟俩需要的学费和生活费外，他很少关心贞子和弟弟是否快乐，他一如既往地粗暴地对待姐弟俩，稍不如意就打骂。父亲离婚后，曾领过几个女朋友回家，但她们最终都被父亲在醉酒或生气的时候"打跑了"。

贞子曾经带着弟弟去找过妈妈和姐姐。但是，她们住得很远。为避免继父不满，妈妈也并不欢迎贞子带着弟弟去找她。无奈之下，贞子只好带着弟弟战战兢兢地和父亲生活在一起。小小的她，从小学开始，就经常要承担做饭、洗衣、拖地等家务，而最令她感到羞辱的是，那个让他记恨一生的父亲，当没有女人在身边的时候，就把罪恶的手伸向贞子的身体……

贞子说起这些的时候，伤心欲绝，眼泪不停地往下流。

几年前，贞子十六岁，因为无心学习，成绩不好，读初中时就辍学了。

那时候，爸爸在做一些小本生意，交往的人也比较多。这些人经常来家里做客，其中有个男人开始关注贞子。

他先时不时地送些小礼物给她，之后，在爸爸不注意的时候，给贞子姐弟俩送点钱。贞子从小就没有受到妈妈的关爱，爸爸总是以粗暴和变态的方式对待她。突然有个男人对自己这么好，她刚好也到了情窦初开的年纪，于是，她被彻底地征服了，疯狂地爱上了这个有妻室的四十多岁的男人。

他不但对她很温柔、很体贴，让她得到她从来没有得到过的赞美和呵护，还承诺以后会和妻子离婚而娶她。事情终有一天被父亲发现了，他把那位朋友暴打了一顿，同时，又严厉地打骂了贞子。我不知道贞子到底遭到了什么样的惩罚，只看到她在说到父亲惩罚她的时候，双手紧紧地抱着自己的胳膊，蜷缩着弱小的身体……

"之后呢？"我轻声问。

"我开始迷恋网络，在网上结交朋友。后来，我在网上认识了一个东莞的男孩子，他很理解我，同情我，我们似乎有说不完的话，是他陪伴我度过了那段最艰难的日子。"贞子忧伤地向我诉说道。

"后来，在他的鼓励下，我来到东莞打工，并正式成了他的女朋友，住在他的家里，他的父亲已经去世，他是独子，和妈妈住在一起。我很孝敬他的妈妈。可是，他的妈妈并不喜欢我，经常骂我勾引她的儿子，我偶尔和他的妈妈顶嘴，他便开始埋怨我，后来也开始打我。"

贞子仰起头，似乎并不想让眼泪流下来。"一个月前，我终于忍受不下去了，就来到广州，在城中村租了一个小房子住下来，想找份工作养活自己。可是，一方面，工作不好找；另一方面，情绪总是很低落，总觉得活着没有意思。我想住院治疗，希望父亲接济一下，可是，父亲要我回家治疗，我打死也不回去！"

她嘟着嘴，表情由哀伤转为倔强。

"你的弟弟呢？"

"我弟弟已经辍学，也有份工作了，他也希望我回家治疗。"

"现在回家，弟弟会保护你的安全吗？"

贞子想了想说："会的。但是，我还是不想回去，不想看见爸爸，不想回那个家。"

我说道："那你就必须找一份工作，首先要养活自己，你说呢！"

"是的。"她回答。

"你一直敢于爱自己想爱的人，可见，你是一个坚强也很有主见的孩子。妈妈离开了你，爸爸不关心，小小的你曾经和你的弟弟坚强地活下来了。现在的你，需要陪伴的是自己，对吗？"

"嗯！"贞子犹豫地说。

"怎么样才能陪伴好自己呢？"

"我总是被自己的情绪所控制，走不出来。"

"现在，你最主要的任务是什么呢？"

"我知道自己首先要活下去，而后才能奢望爱情或者别的。"

"所以，要怎么办呢？"

"我要为自己而努力，不能依靠别人，所以，要尽快找到一份工作……"

这次治疗以后，我再也没有见过贞子，听急诊医生说，她后来还来开过药，并告诉急诊医生，她已经有了一份工作，很忙……

现在，不知道贞子是否还在广州的某个地方为了生存而努力挣扎？人生就是一个"苦"的过程。只有当你认可并接受这个道理后，你才能"笑看花开花落，任它清风流水"，才能发现人生还有很多美好的东西。

俄狄浦斯情结又称恋母情结，由精神分析学的创始人弗洛伊德首先提出。

当一个孩子到三至五岁的时候，就开始有了性概念，开始关注男人和女人的不同了，开始对自己的身体、性别有了好奇心，更对于异性产生好奇，甚至有的男孩子因为知道自己有"小鸡鸡"而女孩子没有便产生了性骄傲，这大概就是精神分析所说的儿童的"性蕾期"。

对于孩子来说，他首先接触到的异性是自己的父亲或者母亲。三岁以前，男孩、女孩都和自己的母亲关系比较亲密。

但不同的是，男孩发展到性蕾期的时候及以后，如果母亲对于男孩子还有强烈的依恋，这种依恋有可能胶着男孩的一生。所以，才有了"千年的婆媳关系"（婆婆和媳妇为了争夺儿子而战）。

而女孩呢，因为一直和母亲的关系比较亲密，所以，对于爸爸这个异性还是有一点隔阂的，更由于传统的中国男人不善于言语表达，使得女孩子的恋父情愫往往难以顺利发展，继而产生压抑

58

或者变异。

贞子在妈妈离开后，自觉承担着"家庭主妇"的角色，但是，爸爸不断地带女人回家，闯入她的生活。加之爸爸时常对她进行骚扰，让她痛苦难堪，而这压抑已久的难堪和痛苦，在她父亲的朋友和像父亲一样有暴力倾向的前男友那里，终于得到了宣泄。

美国精神分析学家科胡特对这种现象有一种解释，他说："俄狄浦斯情结本来是一种人类种系延续的健康喜悦之情。""一个功能良好的心理结构，最重要的来源是父母的人格，特别是他们以没有敌意的坚决和不含诱惑的深情去回应孩子驱力需求的能力。""这种环境提供我们心理存活和成长的最重要情绪经验：一个经由同理尝试了解和参与我们精神生活的人性环境。"

按照科胡特的说法，孩子们的恋父、恋母情结，是一种人类自身发展必然存在的，而且是伴随喜悦的一个过程。只有父母们没有敌意地坚决捍卫自己的伴侣的时候，以及带着没有诱惑的深情去理解孩子的这种情绪的时候，孩子的心理才能在父母温暖的关爱和理解中健康地过渡，继而在未来的成长中，将这种感情转嫁到自己未来的伴侣身上。

我们看到，在贞子的成长过程中，父母的争吵，以及父亲的种种行为，给了她一个"不堪"的男人形象。这是贞子对于这世界的男人的第一印象啊！正因如此，她长大后才会找那个东莞的男孩，他身上有贞子"不堪的父亲"的味道。

而父亲接受过众多的女人，这也打击了贞子作为女孩的自尊心和价值感，这是一种摧毁性的打击。由此，我们可以理解，在一些父母离异的家庭里，女孩对于后母的一种发自内心的排斥。

再看看父亲对于女儿的"深情"——贞子父亲赤裸裸地对女儿实施性诱惑，让女儿的内心激起了难以承受的自责和愤恨。

贞子的情感被这潜意识的恋父和意识上的耻辱所蹂躏。她一方面，在潜意识里趋向于父亲的温情，一方面，又绝对害怕和排斥父亲。这种恐惧和矛盾被封锁在贞子的潜意识里，使得她不得安宁，以至于引导着贞子迷恋上父亲的朋友。

可怜的女孩儿，人生的路就这么短暂，未来，我不知道你还要经历多少磨难。祝愿你一路前行，且行且照顾好自己……

心理学知识：关于俄狄浦斯情结

俄狄浦斯的故事：

拉伊奥斯年轻时曾经劫走国王佩洛普斯 (Pelops) 的儿子克律西波斯 (Chrysippus)，因此遭到诅咒，他的儿子俄狄浦斯出生时，神谕表示，他会被儿子杀死。

为了逃避命运，拉伊奥斯刺穿了新生儿的脚踝 (oidipous 在希腊文的意思即为"肿胀的脚")，并将他丢弃在野外等死。然而，奉命执行的牧人心生怜悯，偷偷将婴儿转送给科林斯 (Corinth) 的国王波吕波斯 (Polybus)，由他们当作亲生儿子般地抚养长大。

俄狄浦斯长大后，得知德尔菲 (Delphi) 神殿的神谕说，他会弑父娶母，不知道科林斯国王与王后并非自己亲生父母的俄狄浦斯，为避免神谕成真，便离开科林斯并发誓永不再回来。

俄狄浦斯流浪到忒拜附近时，在一个岔路上与一群陌生人发生冲突，失手杀了人，其中就有他的亲生父亲。当时的忒拜被狮身人面兽斯芬克斯 (Sphinx) 所困，其会抓住每个路过的人，如果对方无法解答他出的谜题，便将对方撕裂吞食。

忒拜为了脱困，便宣布谁能解开谜题，从斯芬克斯口中拯救城邦的话，便可获得王位并娶国王的遗孀约卡斯塔为妻。后来，正是由俄狄浦斯解开了斯芬克斯的谜题，解救了忒拜。他也继承了王位，并在不知情的情况下，娶了自己的亲生母亲为妻，生了两个女儿和两个儿子。

后来，受俄狄浦斯统治的国家不断发生灾祸与瘟疫，国王因此向神祇请示，想要知道为何会降下灾祸。最后，在先知提瑞西阿斯 (Tiresias) 的揭示下，俄狄浦斯才知道他是拉伊奥斯的儿子，终究应验了他之前杀父娶母的不幸命运。震惊不已的约卡斯塔羞愧地上吊自杀，而同样悲愤不已的俄狄浦斯，则刺瞎了自己的双眼。

这是一个满含隐喻的故事。

它投射的是母子之间、父女之间所具有的与生俱来的情感渴望。既然是与生俱来的，那就是每个人成长中都不可避免的事情，就像人类是从原始社会进化来的一样。也许没有这样乱伦的祖先，就不会有我们人类的今天！

之所以要称母子之间、父女之间的这种情感渴望为"乱伦"，也许源自于我们的祖先开始用树叶遮住他们的下身的时候萌芽出的"害羞"感，以及聪明的人类发现近亲婚姻中出现的有生理问题的后代。所以，"乱伦"一词，只是来自于人类社会的自我保护、人类文明而已。

所谓的人类文明，是人类在长期的生产、生活过程中，总结出的一套比较合理的理念，其没有对与错，只是人类为了自己更好地生存、繁衍而已。

当那些理念形成后，人类才能有约束地安心生活和生存。另一方面，这种约束一旦被打破，伤害随之而来，生命就会失去安宁。

俄狄浦斯的故事之悲惨，在于当一切真相被揭开之后，母亲所不能忍受的羞愧，以及儿子所不能忍受的愧疚。

俄狄浦斯的故事所隐含的父女、母子之间的内在的一种"性欲望"，可以称之为"力比多"（英文叫 libido，首先由心理学家弗洛伊德提出。弗洛伊德认为，被压抑的欲望就是性欲，这里的性被称为"libido"，不是指生殖意义上的性，泛指一切身体器官的快感）。

所以，俄狄浦斯的故事，也在映射我们人类这种与生俱来的命运，或者是情感，那是一种内在的驱动力，一种带有温馨情绪的"力比多"。

面对这种可以说是"宿命"的东西，人类都像俄狄浦斯一样，内在也有抗拒命运的动力，这也许就是人类同样与生俱来的生命的内在动力，具体表现是男孩要超越父亲，女孩要超越母亲。

在这个过程中，父亲和母亲如何做到"不带诱惑"地陪伴他们的女儿和儿子，朝向心灵安宁的方向发展，是父母们需要学习和思考的一门很深的学问了。

要"接地气"的菱儿

想起菱儿，我心中就流淌着淡淡的忧伤。菱儿是一家区级医院的后勤财务人员，她传承了山东祖辈性格豪爽的个性。

据说，在生病之前，她无论走到哪里，都是大家的"开心果"。菱儿是兄弟姐妹中最小的，上有两个哥哥，一个姐姐，是父亲最喜欢的女儿。菱儿和同单位的一位医生结了婚，生了一个女儿，夫妻关系一般，以她的话说，以前她的生活"宁静如湖水"。只是，父亲去世之后，所有的一切被打破了。

几年前，菱儿七十多岁的父亲因为内科疾病需要住院治疗，菱儿感觉自己所在的医院不是那么出名，作为区级医院，和省市级医院的治疗水平相比，后者肯定更能让人放心。

于是，她就和兄长商量送父亲到一家比较出名的大医院住院治疗。住院期间，因为伴有肠梗阻的症状，她的父亲需要灌肠治疗。结果，由于技术原因，护士插导管的时候捅穿了菱儿父亲的大肠壁，导致菱儿父亲出血性并伴有感染性休克，后因抢救无效而死亡。

为了给父亲讨回一个公道，在菱儿和大哥的坚持下，医院为父亲做遗体解剖以确定其死亡的原因。

在看解剖结果的时候，菱儿和他的大哥同时看到了被"四分五裂"的父亲的遗体：抛开的头颅、敞开

的肚子和堆在桌子上的一堆堆大肠……菱儿当即呕吐不已。

菱儿也是在医院里工作的，多次看到患者在医院里因救治无效而离世的情景，也知道一般患者去世后，医院会例行公事地征求每一位家属是否给患者做遗体解剖。但是，那个"遗体解剖"对于她来说，只是个概念而已，没想到，竟然是这样一副惨不忍睹的样子。而且，解剖的对象还是自己挚爱的父亲。

"父亲已经含冤去世，现在还没有一个全尸，即使拿到了那么多的赔偿，又于心何忍。"她一直很自责，也很后悔。如果不是自己和大哥一意孤行，一定要搞清楚事情的真相，一定要为父亲讨回公道，也许父亲就不会被解剖。

菱儿满脑子都是父亲被解剖后的样子，她没有办法安睡，没有办法让自己安静，看到饭桌上和菜市场的肉和大肠就呕吐。她一想起这事就大哭，每次都哭得歇斯底里……菱儿还想，如果当初让父亲住在其他医院或自己所在的医院，即使医院的医疗技术一般，也许不会发生这个偶然的事故，更不会让父亲被解剖。懊恼、懊恼，菱儿承受着令人无法想象的煎熬……

在菱儿处于这种精神状况下，我第一次给她做了心理治疗。

那天，我利用下班后的时间，在一间办公室内给菱儿做催眠治疗。

菱儿在催眠过程中，"看到了"自己的"父亲"（此即"意向"：意识在想象中呈现潜意识的内容），那凄厉的、绝望的，我用任何言语也不能描述的痛哭声，让我至今难忘。在菱儿安静之后，我诱导她先向父亲表达了她的思念，之后是她的后悔、她的愧疚，再之后，我诱导她进入父亲的角色（角色互换：菱儿被诱导想象她进入了父亲的身体，而成为"父亲"）。

当菱儿的"父亲"面对菱儿（想象）的时候，"父亲"很淡定，他告诉菱儿，不要怪罪任何人，原谅那个医院的医护人员，要容许他们有一个成长的过程，就像他这个家属也容许菱儿工作中有可能出差错一样。医院的工作人命关天，他们的压力也很大，他们也不想出现这样的事情，他们更自责和愧疚，他们也都是父母的孩子或者孩子的父母，谅解他们，原谅别人也就是原谅自己。

他还告诉菱儿，爸爸出了这样的事情，那也许就是自己的"命"，让菱儿不要自责，尽管菱儿和哥哥做主让自己住院，他也是同意的，所以，他自己也有责任。他让菱儿放下这件事情，照顾好自己的母亲，照顾好自己和家庭。他还说，菱儿能幸福地生活下去，才是他这个做父亲的最大的愿望……

在"父亲"的安慰下，菱儿终于平静了，跟随自己的丈夫离开了医院……

数年之后，当我再次在医院的门诊室碰见菱儿的时候，她还是处于躁郁状态，正在服药治疗。她说，已去医院上班，但时间不长，因和患者发生矛盾而不得不请假休息。

在家休假期间，菱儿参加了一些财经培训团体，认识了很多老板，靠着那些关系网，她开始投资做一些资金贷款生意。她还曾经给我看过她手机上往来的资金数量，常常有几万、几十万、数百万的资金，从她的银行账户出入，她有些害怕，但是，更多的是感到很刺激。

菱儿因服用药物不规范，以致病情反复发作。她自己也明白，这样下去她的病情不会稳定下来。但是，她好像对康复的渴望并不强烈。我建议她坚持做心理治疗。然而，她即使交费了，也没能坚持治疗。同时，也不接受我给她介绍的其他心理医生。我建议她做针灸治疗，她也是交了费不治疗，只是当实在控制不住自杀的欲望的时候，才勉强地来医院开点药，顺便和我聊几句。

她明确地告诉我，她需要这种狂躁的状态，她需要去冒险，她渴望可以肆无忌惮地干自己平常做不到的事情（也许，只有这样不断地折腾自己，她的内心才能得以安稳）。

几个月前，她说自己"肆无忌惮"地开的公司出现了经济问题，她除了把手头上所有的资金赔偿给客户外，还不得不把她在广州市较为出名的高端社区的一处豪宅卖掉。她又开始抑郁了，不过，她很庆幸自己卖掉了那所房子，因为抑郁时，她经常想从那二十多层的楼上跳下去……

菱儿把父亲去世的所有责任都扛在自己的身上，也许只有那样，才能顺应她生命中那份冒险的执着。发病后的她总是处于死亡的边缘，她是在潜意识里等待着自己"起死回生"呢？还是在惩罚自己？她不按时吃药，也不做其他治疗，她拒绝自己的成长，拒绝恢复我们所认为的常态，那么，她的潜意识到底有着什么样的惊心动魄的渴望呢？

从一定意义上讲，父亲的意外去世，让菱儿将父亲从母亲那里夺到了自己的心里。当母亲看着菱儿痛苦的时候，她对于菱儿的担心和关注，多多少少会减轻她作为妻子失去丈夫的痛苦，甚至无暇顾及那份痛苦。所以，在这一层面上来说，菱儿"掠夺"了她的母亲的痛苦……

就在几个月前，我猜是"心血来潮"，菱儿预约了一次心理治疗。尽管她一再承诺，会继续做心理治疗，但是，之后她还是"失踪"了。

现在，我再次把她请到我的回忆里。那次，我们的治疗是从沙盘游戏开始的……

菱儿的另一次治疗

菱儿在沙盘中间放置了一个屋子，这个屋子还有一个侧房。都是土黄色的墙，红色的瓦，房子的后围是碧绿的树，房子的右前方是一对手拉手的小朋友（菱儿的描述），孩子的后面是一只小小的昂首的青蛙，房子的左前方有一辆兔子开的麦当劳车，一对接吻的夫妻在房子和车之间（图1）。

摆好之后，菱儿的眼睛看着那一对接吻的夫妻，之后，她把他们移动至较大的树后面（图2），以便自己看不见。我让菱儿分享一下她的沙盘。

她说："这是一个世外桃源式的环境，有屋子、有孩子、有车子、有一对夫妻。但是，我看着夫妻接吻觉得不舒服。但是，他们是夫妻，又不能将其分开，只好把他们放在树后看不见的地方。"

在父亲去世之后，菱儿在休假中又生了一个儿子。

图1　来访者方向　　　　　　　图2　来访者方向

她说，沙画中的这两个孩子，代表着她的两个孩子。屋子在沙盘游戏里代表着一个人内心的那个"家"，代表着一个人的安全感、归宿、寄托等。车子则代表着一个人的内在的动力，菱儿内在的动力是由一个小兔子驾驶的。也许，正是在表达她不成熟的应对机制，或者她内在的自我并不是很强大，却带着她行驶在人生的路上。另外，车子是麦当劳装食物的货车，和菱儿这些年的"折腾"正相吻合。

菱儿的生命有充足的能量和智慧，代表生命力的翠绿的小树，也是菱儿旺盛生命力的体现。青蛙也许应了菱儿今天的转变。无论是什么原因，什么动力，菱儿开始面对自己的夫妻关系了！

"你们夫妻关系怎么样呢？"我直接把她拉到意识层面上。

菱儿有点儿伤感地答道："我们住在一起，但是分开睡的。我的房间很大，他（她的丈夫）的房间很小。"菱儿特意提出了房间的大小问题。也许那正是目前她心理上那个家的布局。

"你对你的丈夫最大的不满是什么？"我问（否则，他们不会分开睡）。

"不整齐！"菱儿愤愤地说，"平时，我一定要把家弄得干干净净、整整齐齐，可他就是没有这个习惯，东西到处扔。这个家总是难以整理得满意，所以，我常常很烦躁，为了不整齐的家，我经常和他吵架，而他认为，我要求过高，对我也很生气。"

"他就像他的妈妈。"菱儿说，"他的妈妈的家里也很乱，衣服杂物随手到处摆放。一个男人，就应该像个军人，整整齐齐，不拖泥带水。"

"在你的生命中，哪个男人像个军人，不拖泥带水？"我问。

"我的父亲。"菱儿的眼泪又在眼睛里打转。

"你一直拿父亲的模式来要求你的丈夫吗？可是，你的丈夫并不是你的父亲。"我强调。

菱儿想了想说："是的，我一直在寻找我的父亲，他不是！所以，我总是对他不满意，总想着离婚，特别是在父亲去世之后，内疚、悔恨，让我没有踏实感。在外做生意的时候，我对那些年纪大的男人很信赖。现在想起来，我喜欢的那些男人们个个身上都有我父亲的某些特征。但是，交往之后，我都很失望，他们并不会像我的父亲那样可以让我完全信任和依赖！其实，我做生意，也许就是想多一点儿接触更多优秀的男人……"

"寻找像你的父亲的男人？"

"好像是的。我不能安心工作，我不能安心地待在家里做个母亲。有一天，我突然发现，我的女儿怎么一下子长得那么高！而她是天天回家的，我竟然没有留意到！女儿啥时候有了经期，穿多大的内衣，我都不知道。而这些，她爸爸都很清楚，他还帮女儿买内衣。女儿考到新学校之后，他加了女儿班级的所有家长的QQ，并且做起了家长们的领导，十分地用心……"

"你好像游离在了你的女儿和丈夫之外？"

"是的。"

我让菱儿仔细地体会一下，她的丈夫知道女儿的内衣尺码，并帮女儿买内衣，对于这些事情，她内心的真实感受。

在我一再坚持下，菱儿才静下心来体会自己内心的真实感觉，她发现，自己心中对于丈夫与女儿太过亲近，其实是不满意的，她内心的真实感觉是"羡慕、嫉妒、恨"。菱儿回忆起自从女儿出生后，丈夫对待女儿的过分溺爱，随着女儿的逐渐长大，自己好像成为这两个相处和谐、默契的人的"第三者"……

"你和你父亲的关系呢？"我问。

"我从小和我父亲就很亲密，相处默契。我父亲是个军人，很少回家。不过，只要他一回家，我就会缠着他。现在，回过头来看，我真是我父亲手心的宝，而我母亲却常会投诉我父亲太过溺爱我。今天看来，我和父亲的亲密无间，也让我的母亲成了我和父亲亲密关系的'第三者'。我还记得小时候，父亲骑着自行车，我坐在后座靠着他，觉得父亲的后背是那么安全。父亲每次回部队的时候，我都会感到深深地不舍。"

"所以，你现在一直在你接触的那些男人身上，寻找这种安全感、默契感，是吗？"

"是的，包括从我的丈夫那里。只是我一直都找不到。我丈夫的外形像我的父亲，但是，他把家搞得很乱。我的丈夫和她的母亲也走得很近，当我、我的丈夫、我的婆婆一起走路的时候，我的丈夫总是和他的母亲走在一起，而我总是走在他们后面。现在，想起来，我内心里也有羡慕、嫉妒、恨。"

"你和你儿子的关系怎么样？"

"很亲密！"菱儿的脸上有一些得意，"儿子现在已经上小学二年级了，经常和我很亲密，而我丈夫只要一看见就吃醋。"至此，一个实实在在的"乱伦"家庭呈现在我们面前了。一个"没有性行为的乱伦家庭"：父亲和女儿、母亲和儿子的过度亲密。

无论女孩儿长大后怎么努力，她都不可能找到一个和自己的父亲完全一样的男人！因为对于父亲去世的内疚，我理解菱儿抓狂似的寻找，因为她认为自己的父亲十分优秀，于是，她选择了做生意的方式来接触"优秀"的男人。可是，结局只有一个：找不到。

所以，菱儿总是那样"不接地气儿"地到处寻找着。同时，手中掌控着一批批大额的金钱交易，这种刺激又会带着菱儿达到一种潜意识的幻觉状态，让她得到"控制感"。因此，在精神科临床上，她"躁狂"了，她也必须躁狂。否则，她怎么能接受自己如此的"无厘头"。

"我现在该怎么办呢？"菱儿问。

"是啊！怎么办呢？"我重复着，期待地看着已经安静了很多的菱儿。

她一边抚摸着眼前沙盘里的沙子，一边思考着："我是应该回到我自己的位置上了！我们家庭的每个成员，都需要回到自己的位置，妻子是妻子、丈夫是丈夫、儿女是儿女。也许，只有这样，我们的家才能和谐。"

"你的意思是？"我问。

菱儿悠悠地回答道："爱我自己的丈夫，做我孩子特别是女儿的母亲，让我的儿子多和爸爸在一起。"

她一边说话，一边把沙盘上她放在树背后亲吻的那对夫妻挪到了树的前面（原先的位置）。"这才是一个和谐的家，一个'接地气儿'的家。"她说。

第四章

关于夫妻关系：

万年修得共枕眠

今世的夫妻，是前世修来的冤家

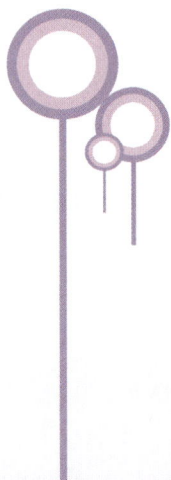

据说　只有爱情　能让一个人不再孤独
于是　有了罗密欧与朱丽叶
也有了梁山伯与祝英台

据说　还有亲情　能让一个逝去的人
像活着一样永远不曾离开
于是　有了清明节　有了纪念碑

据说　女人是水做的　期待着被引领
据说　男人是属火的　期待着被点燃
就一个男人和女人
繁华了一个又一个世纪
造就了一个又一个不老的传说

请做好你的男人　纵有鸿鹄之志
也不忘清水的滋润
请做好你的女人　纵有万千情愁
也为火焰送一份崇敬
当爱情和亲情　交织成千古流淌的轻风
于是　就有了属于你的永恒

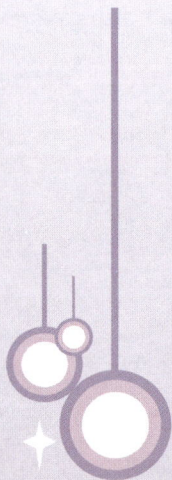

产后抑郁的素素

素素的同事去看望正在休产假的素素的时候，发现她闷闷不乐，于是，建议她来我这里做心理治疗。

而素素的故事，让我十分认同心理学家们的一个普遍看法。那就是，一个家庭里，如果孩子的父亲是一个相对强势的人，这个家庭则比较稳固；如果一个父亲有能力理性地处理家庭关系，这个家庭的运作也会顺利通畅并获得平安。

素素的婆婆因为素素刚生了一个男孩而十分高兴（这是一种很奇怪的现象：作为婆婆的，因为自己的儿媳妇生个女儿，总会比自己的丈夫更为气恼！而儿媳妇生个儿子呢，婆婆就特别高兴。婆婆对待生儿子的儿媳妇和生女儿的儿媳妇那可是不一样的，好像这传宗接代的事情，对于婆婆来说，有不可推卸的责任似的）。

自从素素生完孩子后，素素的婆婆不但包揽了所有的家务（一个能干的女人），还包揽了照顾孩子的责任。婆婆以儿媳产后虚弱为理由，坚持让素素待在自己的房间里休息，她则有空就抱着孙子哄着、乐着。素素要为自己的孩子做点什么，婆婆总是以她没有经验而让她住手，这让素素总觉得自己很没用。

很多时候，素素一个人待在房间里，而婆婆和素素的丈夫则坐在客厅聊着天，逗着孩子，一副其乐融融的样子。

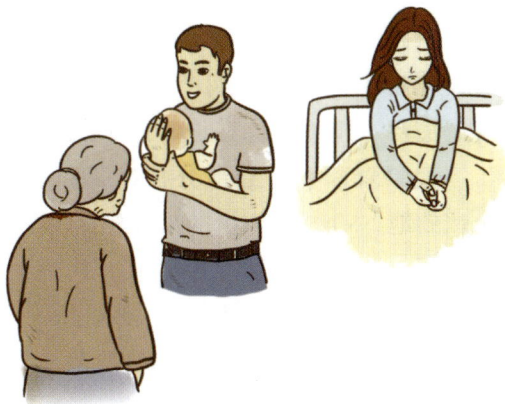

素素不能从婆婆的手里"抢"儿子，就跟自己的丈夫抱怨。而她的丈夫总是说："你想的太多了，要好好保养自己。"

他不能体会，素素的内心是多么无奈和抓狂，也不能体会素素的抑郁。

"我感觉孩子不是我的了，而是婆婆的。"

"我感觉自己在这个家里很多余。"

素素的哀伤已经让她茶饭难进，形销骨立了……

一个孩子出生之后，孩子的父亲作为一个男人，会随着这个家庭新成员的到来，而处在一个特殊的位置上。婴儿的母亲抱持着自己的孩子，父亲则需要将母子两个抱持在自己的怀里。我们称之为"情景抱持"。

在素素的故事里，很显然，这个婆婆和自己的儿子也就是素素的丈夫的关系比较亲密。孙子出生之后，由于对于儿子的爱和对于丈夫家族的忠诚，她特别地爱自己的孙子，潜意识里的占有欲，让她以"自我奉献"作为理由，剥夺了儿媳照看自己孩子的权利。

她的让儿媳休养的理由，让身心软弱的素素无法反驳。这时候，素素的丈夫未能及时察觉自己妻子的真正需求，以至于使孩子的母亲不能处于母亲的位置上。他的这种行为不但伤害了自己的妻子，更是间接而严重地伤害了孩子。

经过我进一步深层次地观察，这个家族结构中还忽略了一个人，那就是素素的公公。所有的人都不觉得，他是应该被忽略的，因为那个男孙是他们家族的传宗接代者。所以，他是最大的受益者，最应该付出的就是他了。这种忽略，给多少人造成了不易觉察的创伤。

下图是素素来到咨询室所做的第一次沙盘游戏。

素素首先摆放在中间的是"母鸡孵蛋"。这也是素素自我意识中，她目前最主要的任务。也许正体现了她目前最主要的困境。

当我陪着素素仔细地分析这幅沙画的时候，素素也发现了这幅沙画中不合理的地方：中间孵蛋的母鸡格外大，甚至比旁边的房子还大。

我问素素，看到这个的时候有何感受？

素素说，她突然意识到，她把孩子看得太重要了，比和丈夫的沟通、自己的身体调养还重要，重要得以为，孩子就是一切、没有了自己。所以，她处于抑郁、无奈中了。

素素说，踩水的人儿和她现在的辛苦与努力相吻合；身陷沙中的单车和汽车，就像她目前的心理状态，感觉很艰难；陷入沙中的小猪和兔子，她说，分别代表她和她的丈夫，那是他们的属相，他们的状态，就像她和她的丈夫各自"窝"在自己的世界里。

"这一家三口呢？"我指着左侧靠下的一对夫妻和孩子问。

"是我渴望的其乐融融的家庭生活场景吧！"素素思考着说。

来访者方向

治疗师方向

"为了实现这个愿望，你觉得你可以做点什么呢？"我问。

"我觉得我现在什么也做不了。"素素低着头满脸委屈。

"我觉得你在这个家里缺乏自信，不敢发表意见，是吗？"凭着感觉，我问。

"是的，我的婆婆已经当过母亲了，所以，她什么都懂，这让我感到很自卑。"

"你的自卑，让你已经不能好好地照顾自己吗？"我指着素素的鞋子问。

我知道，素素的公司是一家比较出名的上市公司，工资并不低。然而，现在，她穿在脚上的却是一双破破烂烂的已经变黑了的白色布鞋。

素素吃惊地看着我，我知道，自己的话让她的心里受到了触动。

今天回忆这个治疗过程的时候，我才意识到，自己当初说话太直接，可能伤害到了素素的自尊。

可惜，我当时并没有和她分享我的想法。这样说的时候，我只是看到她没有照顾好自己的一面，而不是"嫌弃"她穿了一双脏的鞋。今天，如果素素还能看到我对于这个过程的叙述，希望她能接受我的一份道歉和解释。

那天，我看到素素的错愕和些许羞愧，并没有闭上自己的嘴巴，还是说了下面的话："女人生孩子，就像过'鬼门关'，以前的女人更是，只是现代的医学先进了，生孩子的危险度才有所降低，但还是有危险的，对吧？"

看着素素在点头，我继续说："你想成全你婆婆的爱，结果自己把委屈吞在肚子里；你得不到孩子，就吃不好、睡不好、情绪低落，结果是自己不开心，变得忧郁；你也不舍得用你老公的钱给自己买双漂亮的鞋子，我感觉，你好像并不喜欢你自己，而不是别人不照顾你。"

那天，我分析了很多，我尽量让自己的声音柔和一些。虽然，我内心也知道这样犀利的话语，对于素素来说，并不是很受用，但是，我还是要说出来。而且，我预感到她有可能再也不会来找我了。事实也证明，这次治疗之后，她再也没有来找我。

也许，素素将"母鸡孵蛋"调节成合适的大小，放在它应该在的位置，她的抑郁就有可能迅速缓解。也许，素素丈夫对产后妻子的用心"抱持"，才是妻子内心最大的渴求。

大概半年后，当初把素素介绍给我的那位女士告诉我：素素从我这里回去后，状态好了很多……

我拍拍自己的胸口，让自己安下心来。

希望看到这个故事的男人们，用心照顾好你们的女人，尤其是产后的女人。因为她们付出了生命的代价，才换得您的家庭的繁衍生息；因为她们的倾情付出，我们的后代才能幸福地成长……

苹果和榴梿的故事

萍萍是个三十多岁的女人，胖胖的，比较壮实。相反，她的丈夫是个瘦高个，弱不禁风的那种。萍萍是带着她七岁的儿子来看心理医生的。因为她的儿子在学校被老师投诉，说他情绪不稳定，容易发脾气，坐不住，上课不好好听讲，还影响其他孩子专心上课，等等。

当我和他们一家人交谈后，我发现，其实，问题的根子在父母身上。萍萍和她的丈夫关系不睦，如此一来，家庭气氛有些紧张，他们的儿子自然就不能安心生活和学习了。于是，我建议他们，把改变的动力放在自己身上，也许之后孩子的问题会迎刃而解。

萍萍认可了我的观点，说她早已有了看心理医生的打算，只是侥幸拖着，直到孩子现在出了，问题才着急了。萍萍坚持做了一段时间的心理治疗，有时候也带丈夫过来一起探讨，他们的儿子之后情绪便稳定了很多。

萍萍的母亲早逝，由于种种原因，父亲没有再娶。于是，萍萍就承担起这个家庭的"主妇"职能，料理家务，管理柴米油盐，照顾妹妹和爸爸的生活起居。

她没有经历过明显的青春叛逆期，听着姑姑的教导长大，姑姑常对她说："好好照顾你的爸爸。"这句话常常督促着她努力地去经营这个家。

到了谈婚论嫁的年纪，好心人给她介绍了一个看起来比较老实的男人，没有轰轰烈烈的爱情的悸动，萍萍就匆匆忙忙地成了这个男人的妻子。

萍萍的丈夫有好几个姐姐，他是最小的孩子，在他的成长过程中，基本不用担心家里的任何事情。即使是在经济最困顿的年代，即使姐姐们吃不饱，她们也不会饿着这个弟弟。但是，这个弟弟还是长得那么瘦。

今天，当我回忆多年前这个案例的时候，我才醒悟到，在一定程度上，对于父母、姐姐们的偏爱，萍萍丈夫的内心应该有不少的愧疚。所以，他才难以心安理得地接受亲人们用那么多的营养来滋养自己。

当他和萍萍步入婚姻的殿堂之后，萍萍习惯性地又当起"家庭主妇"——她对于这个三口之家日常生活的绝对掌控，使得萍萍的丈夫好像又回到他之前的原生家庭中。最终，他还是难以承受来自妻子的浓厚感情。

就像萍萍描述的那样，萍萍特意做的一些自己认为浪漫的事情，想改善一下夫妻之间的感情，却总是受到丈夫的嘲讽。萍萍曾经尝试过"小鸟依人"，丈夫说"不习惯"。一旦家庭有事需有人拿主意的时候，萍萍的丈夫总是不能做主。当萍萍自己决定之后，萍萍的丈夫又没来由地埋怨。

在单位，萍萍也总是喜欢习惯性地照顾同事，但同事却总是对她敬而远之。为此萍萍很苦恼。现在，看着自己的儿子也不能顺利地读书和成长，萍萍说，自己"心塞得透不过气来了"。

在萍萍的治疗过程中，我印象最深的是其中两次。

第一次，是在一个宁静的下午，治疗室在柔和的灯光照耀下，有点迷离的感觉。

我引导萍萍进入一种催眠状态，刚刚做了身体放松之后，萍萍的眼泪就流个不停，让我感到，这个女人内心里有很大的伤痛。

于是，我将准备做的角色转换，临时改为"创伤愈合"模式。我引导萍萍来到一片森林里，萍萍看到了一只受伤的小兔子（看来，弱小可爱的小兔子能代替我们内心的弱小、可爱的形象已经深入人心，在催眠的过程中，很多人都以可爱的小兔子受伤，来呈现自我内在的软弱和伤痛），致使小兔子受伤的是一只冷漠的、傲慢的大狼狗。大狼狗以皇帝自居，对小兔子没有丝毫的同情之心。

在催眠中，我引导"小兔子"勇敢地面对大狼狗，表达自己的愤怒，大狼狗最后向小兔子道歉了，表示要尊重小兔子，小兔子之后也勇敢地治愈了自己的伤口。催眠结束后的萍萍平静了很多。但是，我还是能感受到萍萍内心的悲凉……

我和萍萍分析这个催眠过程。萍萍体会到：丈夫虽然在家中不拿什么主意，却处于一种冷漠的、高高在上的位置，让萍萍无法企及，得不到情感上的慰藉。

催眠之后的萍萍明白了，现在她能做的就是学会表达，说出丈夫的冷漠带给自己的伤害，学会在丈夫面前呈现自己的脆弱和渴求。只有那样，才有可能改善他们之间的关系。

第二次做催眠治疗的时候，萍萍还处于和丈夫的关系改善过程中。

那次，我引导萍萍感知自己。她将自己幻想成一个苹果，这个苹果从一个水果摊上"滚"下来，"跳"着走在熙熙攘攘的大街上，孤独、无助、茫然，它问天问地："我该去什么地方？"

之后，在大街上的另一个水果摊上，她遇见了自己的丈夫———颗"榴梿"。它中等大小，长着可怕的刺，有七分的成熟度，散发着又香又臭的味道，营养度也是七八分。看到榴梿，苹果很高兴。但是，只要她一靠近，就会被榴梿刺得千疮百孔，痛不可言。

催眠中，当苹果治愈好自己的伤口之后，她理直气壮地质问"榴梿"为何要对自己这样。

榴梿回答："我想你变成一颗橘子而不是苹果。那样，你就可以插在我的甲壳上，我也不会伤害你，还可以带着你走天涯……"

往往，在夫妻关系里面，逞强的一方才是真正脆弱的一方。

在催眠状态中，萍萍意识到，她在和别人，以及自己的父亲、丈夫相处的过程中，经常所呈现的一种强势状态。那不是真正的她，真正的她是那个皮薄易碎的苹果。"苹果"和"榴梿"一样都有着丰富的营养。但是，她的营养，丈夫可以随口享受，而丈夫的营养，却不是那么容易让她得到。催眠中，萍萍也透过丈夫的防御外壳，看到他内在脆弱而不堪一击的一面。所以，他更想要保护自己。一丝爱怜，在她的心中升起……

在灯光下，萍萍仍然闭着眼睛，那一刻，我第一次看到这张脸不再像以前那样倔强、坚强，而是呈现出一丝柔和的光芒……

那次治疗之后，萍萍的丈夫说，自己的妻子变了很多。而萍萍的丈夫也在妻子的治疗过程中，慢慢地开始承担起一个男人的责任，照顾自己的妻子和陪伴儿子，他们的儿子也开始逐渐适应学校的学习和生活……

冰山里的妻子

产后的素素，生活在顾影自怜的抑郁里；而萍萍呢，生活在僵硬的关系里。人生的路，对于有的人来说，就像宽敞的大马路；对有的人来说，一直是弯弯曲曲、磕磕绊绊的；对另外一些人来说，则是跌宕起伏、千回百转、风光旖旎的。

其实，这都是我们作为旁观者的一种评价！

这条道路到底是宽敞的还是狭窄不平的、风光是美丽的还是充斥着邪恶黑暗的，都要看身处其中的人，自我用心灵和眼睛去选择了。

此刻，我还想谈及另外一对夫妻：敏芝和她的丈夫。

敏芝有个女儿，一个十一二岁的小姑娘，情绪不稳定。不但在家里，在学校，也很容易发脾气，经常和同学发生冲突，难以和平相处。后来，在老师建议下来到医院咨询。

在和敏芝的女儿交流中，我发现她很不开心，原因在于爸爸妈妈经常说要离婚，她很烦。于是，安抚好敏芝的女儿之后，我预约敏芝和丈夫前来做咨询。

敏芝是一名小学教师，而她的丈夫是一个大学教师，门当户对的一对儿，却生活在痛苦的煎熬中。

敏芝说，她发现丈夫有外遇了，所以很痛苦，想离婚。但是，自己的父母不同意，她也害怕给女儿造成伤害，不想让女儿处于"单亲家庭"。

敏芝的丈夫说，他只是在酒吧认识了一个"酒吧女"，两个人谈得来，并没有其他的接触。妻子抓住自己和那个女孩聊天的把柄，不依不饶，还在他的父母、女儿那里告状，让他很没有面子。

我问他，为什么要找酒吧女聊天。他说，在生孩子之前，他们夫妻的关系还是很好的。但是，自从妻子生了孩子之后，她就变了，变得很多疑，很久都不和他过性生活。一次偶然机会，他认识了一位酒吧女孩，两个人只是聊得来而已。

听了丈夫的话，敏芝有点儿不好意思，嘟囔着说："自从我生了女儿之后，我明显地感受到了家公、家婆的失望。而那时，丈夫以工作忙为由经常加班。我就想，可能是因为我生了女儿，所以丈夫也不满意，我就产后抑郁了，也就自然而然怀疑他不在家陪我，是不是外面有女人了。再后来，发现他真的和一个酒吧女孩有交往，我就彻底地失望了。"

"她不是失望，是疯狂"敏芝的丈夫说，"当发现我认识别的女孩后，她不但收了我的工资卡，每次回家还要搜身，每个礼拜天，我要去外地的学校工作的时候，她才把计算好一周的伙食费给我。当同事之间有一些应酬的时候，我经常会在同事面前觉得很丢脸。"

"我那是害怕你给别的女人花钱。你婚后买了房子，不写我的名字，写了你妈妈和你的名字，我没有安全感。"

"买房子用的是我的一部分钱，妈妈一部分钱，他们是这样要求的，我只能这样写。再说，婚后的房子，也有你的份儿啊。"

"我的感觉是你们不尊重我，我在家给你带孩子，孝敬你的父母，你却在外面找别的女人聊天。"

"我找别人，是因为我回家，你不理睬我，我很郁闷，我也需要宣泄，需要有个人听我说话。"

……

有多少夫妻，就是如此地在相互猜测、相互埋怨中，让一个好好的家庭走向崩溃的呢？！

以下是敏芝和她的丈夫画的两幅图（图1是敏之的画，图2是敏芝丈夫的画），两幅图反映了夫妻各自的内心世界。

敏芝的丈夫说敏芝"就像一条冬眠的蛇，是冷血动物"。敏芝也承认，这么多年来，她没有给丈夫多少温暖。我们也不难想象，敏芝的心里是怎样地由失望到猜测，再到嫉妒，从而一步步走向了"冬眠"，用冰冷封住了自己的热情，然后就生活在自己的寒冷的世界里了。

图1 活在自己内心世界的妻子

图2 妻子心门外不开心的丈夫

那天，当我建议这对夫妻面对面而坐，彼此望着对方的眼睛的时候，敏芝的眼泪瞬间簌簌地流了出来。同时，我看到了敏芝的丈夫满眼的哀伤。

"你还爱着她吗？"我问敏芝的丈夫。

"爱着。"他轻轻地回答。

"你还爱着他吗？"我问敏芝。

"我恨他。"敏芝呜呜地哭了起来。

我建议他们手拉着手，敏芝的丈夫毫不犹豫地拉起了妻子的手。

"我还爱着你，只是，你的冷也让我很寒心，让我不能靠近。"

"我还爱着你，只是，我找不到合适的方式表达我对你的爱。"

"我还爱着你，只是，我也有脆弱的一面，我希望能得到你的包容。"

"我还爱着你，你对我的不满意，会让我难过，让我离你更远。"

……

我一边揣测着敏芝丈夫心里的声音，一边慢慢地引导着他去学着表达。之后，我把话语权交给敏芝的丈夫。他望着自己的妻子，说了很多发自内心的话。敏芝静静地听着。也许，只有这样平静的时候，她才能听到丈夫内心真正的声音。那天，在丈夫的一番表达之后，敏芝乖巧地被丈夫拥在怀里，直到他们离开……

无数次的治疗让我看到，在中国式的家庭关系里，夫妻关系的一个最主要的问题就是沟通问题。

中国传统教育下成长的男人，往往缺乏沟通的技巧和主动性。而女人，无论哪个朝代、哪个民族、哪种肤色的女人，都有着共同的渴求，那就是男人的温存和情感的表达。

80

男人对于女人的爱，就像妈妈对于婴儿的爱，你不表达，不像妈妈那样和婴儿说话、抚摸婴儿，你的心再爱孩子，孩子也是感受不到的啊！男人和女人之间，就像妈妈和孩子之间的互动，是否就能产生妈妈和婴儿之间的亲密关系呢？我想会的，但前提是，彼此之间的爱，不夹杂任何功利的成分。

当敏芝和她的丈夫再次回到当初爱的起点的时候，敏芝不再沉浸在自怨自艾的情绪里故步自封，而是开始关心她的丈夫，信任她的丈夫，以他好就是自己好的愿望为基点。

敏芝的丈夫重新享受到妻子的热情之后，主动地承担起了教育女儿的责任，也主动地上交了自己所有的收入。

您或许已经能推测到了，最开心的就是他们的女儿了，女儿不再担心爸爸妈妈是否有好脸色了，也不再害怕什么时候爸爸和妈妈之间的暴风雨又突然降临了……

我们也看到，当一个家庭出现问题的时候，最不想看到家庭破裂的是同时爱着父母的孩子！两个都是他最亲爱的人，所以，孩子的感情更易受到伤害。因为他不想失去任何一方。

一对夫妻，在他们成为夫妻之前，彼此没有任何瓜葛。成为一家人后，一旦因爱而燃起的期望变为失望，当感情趋于平淡，当彼此间的问题达到了导致关系破裂的时候，他们共同的孩子就站出来"见义勇为"了，以各种他所能做到的方式！

可是，孩子还是那么弱小，他不知道，那些现象的背后到底发生了什么事情，他也不知道，自己该去做什么才是正确的！往往，他最终会以生病的方式，将父母的注意力引向自己，以期暂缓矛盾。父母之间的问题有多大，孩子的"病"就会有多重……

第五章

父母与孩子的关系：
撕不开的网，注定的缘

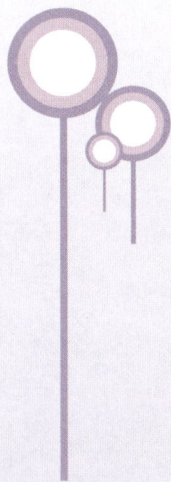

当我起初睁开眼睛的时候
看到的　是你们的笑脸
那笑脸　带着好奇　带着欣喜
就好像　我的身上藏着很多的神秘

随着岁月的流逝
当初那两张笑脸　经常变换
有时灿如鲜花　有时愁似深海
我只能把目光投向远处的蓝天
还有　浩如烟海的世间

可无论我如何努力　脚步再远
心仍没有离开初来世时的那片天
母亲的馨香　父亲的目光
造就无数魂牵梦萦的惆怅

天静风动　山静水流
如佛法无边　恩恩怨怨的纠缠
轮回周转　转眼成梦游一番
如何能看淡　情浓的呢喃

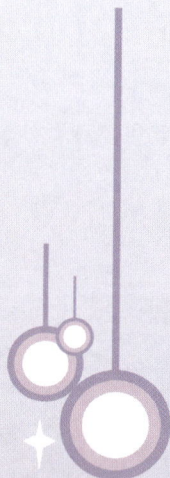

精神分裂症孩子背后的父母

学习成绩一直很好的阿源，被诊断为精神分裂症。阿源的父母都是中学教师，他们很难接受这个事实。

十六岁的男孩子阿源，正在复读初三。因为中考没有考到自己心仪的重点高中，后来他去了外省，也就是妈妈家乡的一所重点中学去复读。

结果，一个学期还未到，他的精神就出现了问题——总是怀疑有人要谋杀他。在父母带他回家的火车上，他也很紧张，总觉得有人要谋杀他的父母。他的理由是这样的：自己去了那个学校之后，表现得太"拽"了，可能得罪了一些学生，那些学生联合"黑社会"要报复自己。

就这样，阿源被父母送到精神病医院治疗。

阿源的叔叔对哥哥的这个孩子从小就十分地疼爱，知道阿源生病后，直接将矛头指向阿源的父母，他说"阿源的病肯定是他的父母影响的"。于是，在阿源的叔叔的强烈要求下，阿源的父母也被送到了我的工作室。听起来有点儿离谱，但这是事实。

不过我相信，阿源的父母对于阿源的叔叔这一行为是充满感激的，因为阿源的父母意识到了自己的问题，做出了改变。这使阿源的病情得到了极大的缓解。

生长在湖南乡下的阿源的母亲，家里姊妹三个，她是长女，没有兄弟。在农村，没有男孩的家庭自然而然地会被"关注"，尽管阿源妈妈的父亲是个教师，对于三个女儿疼爱有加，但是，家中没有男孩子这件事，还是会影响到这三个女孩子。

阿源的妈妈从小（她自己也不记得是什么时候开始的）就有一个想法：女孩子并不比男孩差，男人能做的事情，女人也能做！这个念头一直支撑着她。她小时候学习刻苦，做农活也不差于男孩子，考上中专，后来做了教师之后，又一直努力且不断进修学习，一步步走进了优秀中学教师的行列。

二十多岁的时候，热情开朗的阿源妈妈，吸引了内向的、在同一所学校做后勤工作的阿源爸爸，两个人很快就确定了关系。但是，到结婚的时候，阿源的妈妈犹豫了。她对于阿源的爸爸有点不满意。她觉得，这个男人太内敛，不喜欢表达感情，为此有些怨言。但是，阿源妈妈的父母却对这个男人很满意，因为他的老实、厚道、不善言语，在长辈们那里，全是"靠谱"的特质（在那个年代，这好像是择婿的金标准）。于是，在家人的极力撮合下，两人很快就走进了婚姻的殿堂，接着就有了阿源。

随着治疗的逐渐深入，慢慢地，我对于这对父母有了更深入的了解。

就像我当初第一眼看到的那样，阿源的妈妈一直保有一颗"少女心"，她很活泼，对于任何新鲜事物都乐于接受和学习。在电脑开始普及的时候，虽然他们学校地处山区，阿源的妈妈积极向新进校的年轻教师学习。一旦发现有好的教学方法，阿源的妈妈也会全身心地投入研究。

这样的一个人，却遇上了一个慢郎中——阿源的爸爸。阿源爸爸是个不温不火的人，总是对自己拥有的一切感到很满足。他满足于自己的职位，不求升职；满足于目前的能力，将需要用电脑的工作交给年轻人去做；满足自己的生活，热爱运动，篮球、乒乓球等都很出色。同时，他也满足于儿子的学习，觉得还可以就好了。他的这些满足，自然成了妻子眼中的不求上进，于是，两个人经常唇枪舌剑。

妻子埋怨丈夫没有理想大志，丈夫时常讥讽妻子太过功利；丈夫晚上要慢慢喝茶看电视了解社会，妻子要早睡早起身体好……个性完全不同的两个人，在吵吵闹闹中一天天过日子。他们两个人自我调侃，说一个是火，一个是水，水火不容。"我要离婚，我有这个想法已经很久了，我觉得，我再也没有办法忍受下去了。"一说起他们夫妻的问题时，阿源的妈妈总是满腹的委屈，开始治疗的时候，几乎每一次她都表现得很绝望。

我发现，阿源的个性具备了妈妈的外向、开朗、积极向上的特点。他对自我要求较高。同时，他也具备爸爸的内向、喜欢独处，热衷打球、运动的特点，阿源的父母也看到了他们两个矛盾的个性在阿源的个性中冲突地存在着。

阿源在和我单独见面的时候告诉我，以前，他在父母所在的学校里生活、学习的时候，因为有父母"罩"着，他的人际关系不存在问题。而当他到了一个陌生的环境中的时候，他常常无所适从，他不知道，到底哪一种个性才能更好地和同学相处？而父母互相攻击、不能包容彼此的情况，也在阿源和别人的交往中体现出来，不能替别人着想，不能体会别人的感受，无意中常常在言语或者行为上伤害到他的同学，从而受到一些同学排挤，更有一些同学扬言要"报复"他。当感觉到自己的人际关系已经严重地出现问题，自己的人身安全也受到威胁的时候，阿源食之无味，寝不能安，总是战战兢兢，加之学习紧张带来的压力，阿源终于患上了精神疾病，出现了幻觉和妄想。凭空耳朵边会听到别人说他的坏话，总感觉到有人要追杀他，惶惶不可终日，最后只能退学，到精神病医院住院治疗。

一个人越怕什么，那么他内心越趋向于什么！

阿源说，其实，他在自己的内心里，也很讨厌自己个性中的那些互相矛盾的东西，它们常常让他优柔寡断。细细想来，有时候他真想"揍"自己。

也许，这些就是他精神疾病的根源。精神分裂症这种精神科临床最为多见的疾病，主要是因为在临床中，医生观察到这类患者的思维和情感的分裂表现，从而将其定义为"分裂症"。

现在我们看到，被诊断为分裂症的阿源，内在存在着互为对立的一些个性特征，并不断地被代表着这两个特征的抚养他的人所影响着——也许阿源当面对不可调和的矛盾时选择逃避，并没有任何问题，他只是遵循自己的内在活下去的动力，选择了趋利避险而已。

当我把阿源的情况对阿源妈妈说了之后，阿源的妈妈沉默了。

此时，我说出了自己的看法："也许，你们离婚，对于你们的孩子来说，未尝不是好事！"

我这样的结论着实让阿源妈妈瞬间错愕了。在此之前，她想要离婚的念头得不到任何人的认可，她的所有亲戚朋友没有一个人同意她离婚。

我发现，有时候，一个人想得到的东西总是不能被允许，她就会苦苦地追寻。而一旦她被允许了，她生命的张力减少了，她反而会放弃那些苦苦追寻的东西。

"只要他（阿源爸爸）有一丝的改变，我也不会想到要离婚啊！"

阿源的妈妈流着泪诉说着多年来的苦衷。比如，她的睡眠如何被丈夫打扰，自己的积极性如何被他无情地打击……

我开玩笑地说："就像一朵正要开放的花儿，要开放了，要开放了，却突然被霜打蔫了。"

　　"是的，是的。就是那样的感觉。"阿源的妈妈深感被理解。

　　"我感觉你们两个，一个在天上用力地向前飞，另一个却在地上逍遥自在地踏步走。天上飞的怎么也飞不动，因为被地上的那个牵扯着。"

　　看着阿源的妈妈点着头，我继续说："现在，你们的孩子内心也有这样的斗争，既想飞，又不想动，所以，在困难面前（学习压力和人际关系压力），他聪明地选择了逃避，几乎所有的有心理因素参与的精神疾病，都有逃避的机制。"

　　看着她，我停顿了那么几秒钟，继续说："所以，你们必须做一个选择，是彼此学会包容呢，还是互不相容？包容了，天上飞的那个就不能飞，但是，可以让自己在地上跑，地上的那个安心散步的，也不能再那么逍遥，偶尔也要配合着跑一跑，配合着追求一下新的事物。"

　　我把问题抛给了这对夫妻，离不离婚，由他们决定。这是我在心理治疗过程中，为数不多的认可，离婚也是个不错的选择的案例。

　　不过，我错了！随着咨询的深入，这对夫妻逐渐地走向了和谐。先是并不想真离婚的阿源的父亲，开始做出几十年来未曾有的改变。他不但开始关心起妻子，还带着住院的儿子在医院内散步、聊天。我在阿源的妈妈脸上看到了久违的笑容。而他们的儿子阿源，在几次治疗之后，心理也成长了不少，至少，他明白了他的内在矛盾、他的迫不得已，他想抛开父母在他身上的投射，他要寻找真实的自己、和谐的自己、自己喜欢的自己……

同时，阿源也明白了自己和母亲过于亲近，这也无形中影响了父母的"分离"，当他意识到他之前了解的父亲，并不是母亲口中的那样糟糕的形象之后，他也开始从心里接纳自己的父亲，继而走向了心理成熟之路。

长大后我就成了你

舒晗已经三十岁了，带着自己的丈夫来就诊。

她告诉我，她已经抑郁两年了，最近几天才鼓起勇气在"好大夫"网站上预约了今天的心理治疗。因为在她就诊前还有其他的来访者，于是，我先给了她纸张，让她和丈夫一起完成各自的曼陀罗绘画。舒晗说："不是我的丈夫有问题，是我自己来做治疗的！"我告诉她："如果夫妻双方任何一人出现了心理问题，那另一方多多少少都参与其中了，所以，我需

舒晗的图画

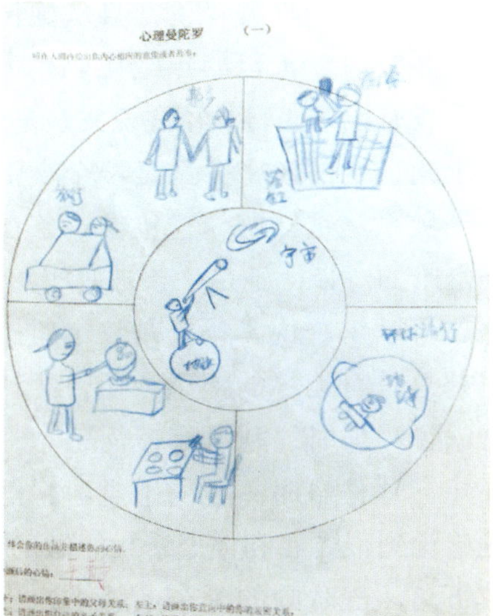

舒晗丈夫的画

要了解两个人的情况。"舒晗接受了我的观点，她的丈夫也欣然同意，于是，他们画了以上两幅画。

在舒晗丈夫的曼陀罗画里，左下角呈现的是父母关系，妈妈在厨房里尽心地做饭炒菜，辛苦了一天的爸爸下班回到家，坐在饭桌旁吃着妻子做的饭菜。左上角呈现的是他和妻子的亲密关系，和妻子手挽手地在散步，开车一起去旅游；右上角呈现的是他的亲子关系，在浴缸旁给孩子洗澡。右下角呈现的是他的个人追求，环球旅游。中间的是他的个人意象，也就是他对于自己的认知，是"站在地球上，遥望宇宙"，他说，他喜欢探求这个世界上一切新鲜的事物。

"你们有孩子吗？"我问。

"没有，我们已经结婚四年了，我的妻子说没有准备好，我也不想这事儿。"舒晗的丈夫回答。

但如果他真的不想，他画的不可能是自己和他的孩子的亲子关系，而应是他和父母的关系。

在舒晗的画里，左下角呈现的父母关系是这样的。父亲抱着两只胳膊，一副爱理不理的样子，母亲斜瞪着眼睛，一副不开心的样子。两个人中间相隔较远。舒晗解释说，自从她记事的时候开始，就没有看到爸爸妈妈友好地相处过。爸爸的年纪比妈妈大很多，爸爸很爱妈妈，可是，妈妈总是对爸爸有很多怨言，经常说父亲是"木头"，经常心情不好，叫嚷着想自杀。左上角，她的亲密关系是两个交汇在一起相互纠缠的布条；右上角，她的亲子关系是这样的，爸爸像一条在外围包绕的弯带，妈妈是中间的一条弯向舒晗的弯带，她是一条被妈妈纠缠的弯带。

舒晗解释说，爸爸是一个对于这个家庭很操心的人，什么都要管。而妈妈总是有无尽的抱怨，还曾经让舒晗拿刀给她，并当着舒晗的面割腕。舒晗说，那时，她没有任何感觉，还很镇静地给爸爸打电话。当我问及现在想起这件事时，她的感觉时，舒晗的眼泪"唰唰"地流了下来，她说，她感觉到很委屈和愤怒。我能做的只是给她递上纸巾，擦那流不完的眼泪。右下角，舒晗画的是个人追求，她以波浪起伏的大海来表示。她说，她向往自由，心的自由。曼陀罗中间的自我意象是一个小女孩背对着坐在那里，周围是一些小花和小草……

舒晗的家庭背景引起了我的关注。

她告诉我，她是父母的独生女儿。她的父亲家里有兄妹五个，四个男孩一个女孩，父亲位列第三。他的性格阴郁，常常突然发脾气，但是，父亲对她这个女儿很溺爱。母亲性格大大咧咧的，和别人相处还好，但是，在家里总是在埋怨很多事情。舒晗的爷爷奶奶、外公外婆早已去世，其中爸爸的妈妈，也就是舒晗的奶奶身体不好，有很多疾病，后来上吊自杀了。舒晗的内心情感丰富，害怕和别人相处的个性很像她的父亲；性格外向，和别人相处较好又像她的母亲……

"在你的身上，我好像看到了你父亲和母亲的较量，你既渴望和别人相处、交流，又害怕和别人相处、交流，是这样吗？"我问。

"是的，"舒晗回答，"所以，当我意识到我父母的问题之后，我一结婚就告诉自己，不能像父母那样与丈夫相处，我随时找机会和丈夫沟通，可他总是关心着他的生意、关心着外面的世界，即使我发脾气说，我要找别的男人了，他仍然我行我素，时间久了，我经常着急，不吃不喝、不工作，折磨自己。"

"你和他说过，你想死吧？！"我追问。

"啊？说过，你怎么知道？"舒晗睁大了泪汪汪的眼睛。

"你看，你越来越像你的妈妈了啊！"我指着图画里的她的母亲分析道，"当你的丈夫总是满足不了你的要求的时候，你不就在那里抱怨了吗！从而活在痛苦的世界里！当你这样的时候，你的丈夫更不喜欢和你待在一起了，哪个男人会喜欢一个总在哀怨的媳妇呢？！"

"如果他能和我心灵相融，我就不会成为怨妇了，是吧？但他做不到！"舒晗噘着嘴巴说。

"是的，他做不到！他不是一个向内发展的人，这个在他的画里已经体现出来了，"我指着舒晗丈夫的画中间的"自我意向"部分说，"他是一个向外发展的人，他关注的是这个世界新奇的玩意儿，他的乐趣在那里，而不在一个人的内心，特别是你的内心，虽然他爱你这个人！"

我看见，舒晗的丈夫在点头，希望他也能有所醒悟。

"如果你像我们大部分女人那样，一定要追求和丈夫的心灵契合，好像有一定的难度啊！现在是，你越抱怨，他越烦恼，他还会因不能满足你的要求而沮丧。这有可能会让他更想和你保持距离，也势必越来越像你眼中的一块'木头'了。"

"噢，原来我们两个这样，是和我的父母有关系啊！原来我们两个之间的关系变成这样，主要原因在我，是吗？"舒晗很聪明，她慢慢地分析着，"那我为什么没有像我的公公婆婆那样呢？"舒晗问。

"那你要问问自己，你是否已经把自己嫁到了你的公公婆婆家了呢？"我试探地问。

"我是外省人"，舒晗的丈夫插话了，"我妻子的家庭社会关系比较广，我是在她的建议下，来到这座城市生活和做事的，也是在他们的帮助下，我才有了今天的成就的。"他满是感激地看着自己的妻子。

"哦，那就是说，你们两个目前的生活受舒晗的家庭影响比较大一些，是吗？"我问。

"是的，我的家庭条件一般。"舒晗的丈夫倒是坦承，"我们结婚前后关系都很好的，只是当我的事业越来越好的时候，在外面的应酬也越来越多，难以照顾到妻子了。所以，她才慢慢变成了这样，我现在知道，要努力去改变了。有时候我有一些看法想和她聊聊，但是，她好像就是活在自己的世界里，听不进去的。"舒晗的丈夫满腹委屈。

"你想和她建立像你的父母那样的关系，是吗？"我问舒晗丈夫。

"现在想想，是的，我的父母关系比较和谐，我渴望那样的关系。"他答道。

"可现在舒晗如此像她的妈妈，那样，你们的关系将会向哪个方向发展呢？"我问他们俩。

"当我发现自己越来越像妈妈的时候，也很痛苦。"舒晗又流泪。

"如果你的妻子怎么都听不进你的看法，你会怎么样呢？"我问舒晗的丈夫。

"大多时候，我就不再和她争辩，或者干脆有事都不和她说。"舒晗的丈夫很无奈。

"那么之后，是不是有时候，你明知道她需要什么，也假装不知道，或者干脆不理睬她的需求？"我追问。

"是的。"他很坦诚。

我转向舒晗，说："你看到了吗？在这个过程中，当你一直活在自己的想法或者感觉中的时候，听不进丈夫的辩解或者道理，他就会逃避而漠视你的存在或者需求了。"

"他就会成为'木头'了！"舒晗有所领悟了，眼泪又是稀里哗啦地流。

舒晗的丈夫也含着眼泪搂了一下自己的妻子："其实，我也不想这样，希望你以后在我们沟通的时候能听我说话，好吗？"

我再次对舒晗说："你奶奶的自杀事件，说明了你爸爸的家庭是一个有创伤的家庭。所以，你爸爸的阴郁不是没有道理的；你妈妈同样也是一个有自杀倾向的人。那么，你母亲这边的家庭，也可能是一个有创伤的家庭。你的奶奶和妈妈为何都是有自杀倾向或者行为的人呢？好像这里面的故事非同一般，我希望在以后的咨询中，能去看看，到底发生了什么样的事情。"

舒晗有点儿吃惊地看着我，我从家族治疗体系的角度告诉她："你不该背负太多的负担！我们要立足家庭进行治疗。现在，你既继承了你爸爸的内向、退缩的个性，又继承了你妈妈抑郁、无助的状态。这样，即使你已经出嫁了，但好像还活在原来的家庭阴影里面，你身体里带着你们家族的一些不好的东西。"

"什么东西呢？"舒晗问。

"总的来说，就是他们在经历一些创伤后建立起来的一些特别的人生观、价值观，以及由此而产生的思维方式、待人处物等的生活方式、习惯等。"

"医生，那我以后是不是要努力地把我的妻子拉向我的家庭这边呢？"舒晗的丈夫着急地说。

"当然可以！但是，最好让她首先了解自己今天之所以会痛苦的一些原因。从家族里传承的一些东西，肯定有它特殊的意义。家族里的孩子传承了祖辈的一些东西，也是孩子的责任和义务，或者说，是宿命。只是，当这个传承不能顺利进行下去的时候，这个家庭，就要面对他们的问题了，需要去伪求真，去粗求精，打开孩子身上的枷锁，这个孩子才能解脱，家庭的动力才能再次启动起来。否则，这个家庭就有可能在这个孩子身上终结。"

"是啊，我一直不想生孩子，"舒晗惊讶地说，"我觉得，自己不够成熟，承担不了一个母亲的责任。"

"其实，我以前也挺纵容她的，她说，不想生孩子，我心里有点儿不爽，但是也同意了。"舒晗的丈夫说。

舒晗边沉思边说："事实上，我已经感觉到自己有问题了，所以，才想借助心理治疗改变自己，获得更多的解决办法，从而不让自己走奶奶的老路，我更不想成为母亲那样的人"。

"成为真正的自己。"我强调，赞许地回应她。

"是的。"她坚决地说。

"虽然你现在已经很像她了。"我打趣道。

舒晗的脸上露出了无奈的笑容……

在确定了共同成长的目标之后，我送走了这对年轻人，看着他们的背影，我心中刹那间一阵悲凉……

之后十多次的心理治疗，大多是在舒晗哭得稀里哗啦中开始，在安静中离开。现在回想起来，每一次舒晗的到来，都把我们两个的心紧紧地绑在了一起……

多数时候，心理治疗是一个沉重的过程……

在每个孩子成长的过程中，父母的婚姻关系，往往是他们最熟悉的，也是耳濡目染的一种关系。我们没有太多的其他模式去学习。所以，当我们自己走向婚姻的时候，自觉或不自觉地，我们就走向了父母婚姻关系的模式。如果父母的婚姻模式是幸福的，孩子往往也向幸福的模式发展，而当我们父母的婚姻不美满，就像舒晗的父母那样，在孩子的眼里是没有幸福可言的，如果孩子也不自觉地走向了这条路，悲剧自然产生……

我们最常看到的是夫妻之间的"七年之痒"。夫妻一开始共同生活，双方就不由自主地希望自己的另一半像自己的父母一样与自己相处，但是，没有哪个人会完全像你的父亲或者母亲，所以，婚姻往往就成了幸福的坟墓了……

所谓的痛苦，往往就是我们的希望和现实之间的落差，落差越大，痛苦越深。

情　结

曾经有位心理大咖打趣我们这个群体，他说："大凡心理医生，都是有些自恋的，或者很自恋。否则，他就不会有那么大的信心在心灵上去帮助别人。"陪伴舒晗治疗了二十多次之后，回过头来，看到以前的治疗记录，我更看到了自己的那份儿自恋。呵呵，请读者您放过我的自恋，继续听听舒晗的故事。

这是舒晗的第三个疗程的第一次治疗。这次，舒晗的父母终于来到了我的治疗室。我想，舒晗的父母之所以那么放心地接受我的邀请，让女儿带他们过来，其中有一点，是他们已经在舒晗的身上看到了她的变化，相比刚开始来治疗时的舒晗，现在的她明显漂亮了很多。脸上虽然还有一些大大小小的疤痕，但已经没有了刚来做治疗时的那么多密密麻麻的"青春痘"，整个面部大部分皮肤白皙，加上一双双眼皮明显的大眼睛，显得非常精神，头发不再那么凌乱，被漂染成淡黄色披在她的肩上，穿着短袖和长裙，化着淡妆，一米六的个子，整体给人清秀淡雅的感觉。

她的转变又一次验证了：心理治疗可以让一个人从内美到外的事实。

舒晗父母的到来，也让我很欣慰，是时候见这对父母了，太多的疑惑需要从这里解开。刚好，舒晗也希望她的父母来见见我。

首先，我要讲讲舒晗的父母给我的第一印象。舒晗的父亲并不是舒晗口中的不善言谈、木讷的男人（从这里，我们可以看到：影响一个人成长的他人，并不是原本的、真正的他人，而是我们眼中的他人而已）。他是一个有着典型南方气质的男人（具体我也说不清楚啥样的气质，读者您可根据自己的认知自个儿对比分析哦），还算开朗、开明，算得上"通情达理"。

舒晗的母亲，符合舒晗画出的样子，虽然五官漂亮，但是，皮肤黝黑，面容里完全没有幸福的模样，以至于在见面快结束的时候，我第二次问她，是否患有抑郁症，她都不做正面回答，只是说："谁都有心情不好的时候啊！"

当我最后让她确切地回答下列问题："你的丈夫爱你吗？你爱你的丈夫吗？"我这么做是为了清理舒晗和父母的纠结。

她笑着回答："当然爱啊！"而她的笑容却瞬间就消失了，之后，又是那么一张黑黑的、不快乐的脸。

而舒晗的父亲却直截了当、毫不含糊地回答，他爱他的妻子（在这次和舒晗的父母见面之后，舒晗曾和我分享过她当时的感受，她说听到爸爸妈妈彼此说爱对方，虽然她心里有点儿酸酸的，但还是很欣慰的。他们彼此相爱，自己的心里就踏实了）。

其次，舒晗父母眼中的女婿是什么样的呢？父亲觉得，这个女婿不是很会做生意，但是，能说；母亲分析了女婿的家庭，觉得他原来的家庭成员之间的感情比较淡漠。其实，父母们的眼光，孩子们常常看不到，处在恋爱期的男女，往往因为眼中只有爱的人而渴望走进婚姻，而他们的父母，有的会为了自己的孩子去了解对方的家庭情况，之后得出结论，或赞同两个人在一起，或提出反对的意见。

我们常常会发现，每个家庭成员都有一些相似的特征。这都是由他们的家庭文化、家庭特质决定的。婚姻中的不幸福，往往是两个家庭特质的冲突。几十次的见面之后，我才逐渐发现，看似性格外向的舒晗的丈夫，并不是一个能给妻子温暖的男人，他就像舒晗的母亲说的那样：看似温暖，实质上，却是缺乏情感互动的类型，就像他的原生家庭那样。

接下来，我们说说舒晗母亲和父亲的家庭情况。

舒晗母亲的家庭情况：舒晗的母亲有一个姐姐一个弟弟，两姐妹都是十分善良的女人，都很孝敬自己的父母。可是，他们的父母却不喜欢这两个女儿，很是疼爱那个小儿子。舒晗的外婆去世之后，外公因为儿媳不愿意和老人一起生活而独居，两个女儿邀请父亲来她们家住，舒晗的外公却硬是坚持说，自己有儿子，就坚决不去女儿家住。结局是：这个倔强的老人，在他去世两天后才被女儿发现。两个老人去世前，也是把他们所有的家产留给了儿子……

"你没觉得不合理吗？难道你不生气吗？"我忍不住问舒晗的妈妈。

"我不觉得有什么啊！弟弟的生活状况不好，他们给他也是应该的吧！"这明显是一种压抑着情绪的无所谓，如果真的是无所谓，舒晗妈妈第一次见我，在描述自己的家庭背景时，就不会首先选择这些事情说。

舒晗父亲的家庭情况：舒晗的奶奶十分地节俭，即使舒晗的爷爷生重病，她都不舍得给他看病，平时的节俭更不用说了。舒晗的爷爷去世前，还是舒晗的叔伯几个硬带着他们的父亲去医院治疗的。舒晗的奶奶自己从来不舍得吃药，因为有糖尿病需要坚持吃药，她总是把药藏起来，能少吃一次是一次。最后，她觉得自己得的糖尿病是很难治愈的，为了不让她的个个都有不错的工作的儿女们给她花钱治病，她在家中自缢而亡……

"你小时候的家庭里，对于你的父母来说，几个儿子要吃饭，以后还要娶老婆，他们有很大的经济负担！"我对舒晗的父亲说。

"是的，也许就因为她的节俭，我们才得以长大并读书成才。但是，她丝毫不能变通，我们的生活已经好起来了，她还是那样地……"

"一个家庭就好像一根藤，藤在不断地往下生长，不断地有瓜（女人）来结在这根藤上，以繁衍这根藤，"我感慨着，"来到你们舒家这根藤上的女人，好像都有一个共同的特点，就是没有她们自己。"

我对着舒晗的妈妈说："你的母亲也不例外。她如果心中有自己，就不会重男轻女；你心中如果有自己，就不会容许父母如此轻视你。你的父亲宁愿自己一个人死，也不愿和他的女儿一起生活，我不知道，这对于一个女儿来说，她有多少理由能让自己感受到自己很重要。"

舒晗妈妈的眼泪忍不住流了下来，待她情绪平稳后，我转向舒晗的父亲说："你的母亲没能顾及自己的行为会给儿女带来什么样的影响，宁愿选择死，也不愿意花钱看病，我不知道，在她的心目中，自己到底有多少分量？"

"我想，我的心中也没有我自己！"舒晗低着头说，"在和我丈夫的相处过程中，我一直处于讨好的位置，我也不知道为什么总是觉得他很好，我不好。所以，有什么怨言都不敢表达。我也不敢告诉父母，我这几年的婚姻生活。我基本上是单独吃饭，这种情况已经七八年了，我害怕父母笑话我……"

我摊开双手："怎么办？你们家的女人，都是这样！"

"我要为谁而活？"是这个家的女人共同要面对的问题！

最后，我问舒晗父母舒晗小时候的经历，舒晗一直说，她对小时候的记忆很模糊。舒晗的父母告诉我，舒晗在半岁到两岁的时候，是外公外婆带的。之后，虽然舒晗回到了他们身边，但他们上班的时候，她就又被送到离他们不远的爷爷奶奶家。

我问外公外婆的关系怎么样的时候，舒晗回答："他们的关系还好，但是，好像也是彼此之间没有感情地生活着。"

她又描述她的爷爷奶奶："他们两个好像是一说话就吵，从来没有温和地沟通过。"

"那你觉得，你的父母关系怎么样呢？"当着她的父母的面回答这个问题，是有点儿尴尬。但是，我还是要提出来。

舒晗有点儿不自在地说："爸爸妈妈也好像不能好好沟通。"

"是这样的吗？"我问这一对夫妻。

舒晗的母亲开始斜视，藐视似的看一眼自己的丈夫："他就是这样的了，只对自己的女儿好！我知道，他的心是好的。但是，就是——怎么说呢？我也说不清楚。"

"是不了解你吗？"

"是的。"

"但是，我爸爸对我妈妈很好啊！他什么都给她做了！包括离家稍远一点儿，他都害怕她走丢了。"舒晗插话。

"即使这样，你还是觉得很苦，是吗？"我问舒晗妈妈。

"是的！自己的苦只有自己知道。"

　　我转向舒晗的爸爸："也许，你给了你的妻子很多，却不是你妻子所需要的，是吗？"

　　"也许是的，我可能以前只把她当作孩子一样照顾了。"这个男人在反省。

　　"而不是当作女人去疼，去爱？"我反问。

　　"也许是的！"

　　这就是我们中国男人经常犯的一个错误，他们认为很了解自己的女人，自己给她的就是她所需要的。结果，完全错了，所以，很多中国的女人都觉得自己很苦！当然，现在这种情况已经有了好转。

　　"你总是觉得，你的男人不了解你，是吗？"我对着舒晗的母亲说。

　　"是的。"她回答。

　　"你希望他知道你的需要吗？"

　　"是的，当丈夫的，妻子需要什么，他当然应该明白啊！"

　　"她不说明，你知道她心里想的是什么吗？"我问舒晗爸爸。

　　"她不说我当然不知道了，我也想不出来啊！"他很委屈。

　　"看看，这就是男人。你也和很多女人一样，总是觉得我现在怎么了，丈夫就应该想到什么什么了，然后就什么什么了，他们不什么什么了，我们就很痛苦了！可现实就是这样，男人一般对外部的世界有很多的思考，但是，对于他感觉绝对安全的亲人，特别是自己的妻子，潜意识他觉得那就是他的一部分，所以，不会花心思琢磨自己的女人有什么心思的。如果你单相思地希望他婚后还花心思琢磨你的思维、你的情感，势必会失望至极。"

　　"你的情况呢？"我问舒晗。

　　"我也差不多是这样的吧！"舒晗说，"也许，我也该学会表达自己了，也要学习怎样让丈夫了解自己了。"

　　我以为治疗可以到此为止了，却没想到，舒晗突然情绪激动起来，眼泪簌簌地流了下来。她说："其实，我的内心里最怕爸爸妈妈不喜欢我的工作——画画儿。我害怕爸爸会觉得我丢脸。"原来她的内心还有个枷锁！

　　"怎么会呢？"她的爸爸很吃惊。

　　舒晗开始哭诉："在我上小学的时候，老师、同学都说，我画画儿画得好，我就告诉你，我以后想当画家，当时你告诉我，画画儿的人都是变态的。

画画儿都养不活自己的！现在，我以画画为生了，但一直害怕不能养活自己，害怕你说我变态，所以，我要找一个能养活我的人；所以，我给丈夫钱让他去做生意，想让他养活我。到现在，我才发现，我并不是只想找一个养活我的人，我也希望找一个真正的丈夫。"

"你错了！当初因为你学习好，甚至拿了奥数的竞赛奖，我想你学习这么好，而画画是很难成才的，不想让你走一条比较艰难的道路，才那样说的。当你后来考上了艺术学校，专攻画画的时候，我就支持你去读艺校了啊！现在，爸爸告诉你，以后你绝对不会没有饭吃、养活不了自己的。"

"假如真的有那么一天，怎么办？你养她？"我笑着问舒晗爸爸。

"不用我养，我相信，她养得了自己。"舒晗的爸爸微笑着、坚定地看着自己的女儿……

这次治疗后的第二天，舒晗在微信中发朋友圈写道：慢慢地，我看到了自己，就在那里……你值得被珍重，我愿意珍惜你。

在之后的治疗中，舒晗的自信心明显比以前增强了很多，她和我分享说，她也没有想到，爸爸那天会那样回答她的问题，爸爸的话让她感觉到很骄傲，这种骄傲，让她更有信心去处理自己和丈夫之间的关系。

即便是结婚了，一个人还活在过去的情结之中，那真正的他，还是没有走进婚姻中去，没有办法去用心经营自己的新生活。舒晗是，她的丈夫也是。

约见舒晗的丈夫，又被提上了日程。但是，他比舒晗更抗拒治疗。我只能静等时机。

陪伴成长，也是一个随缘的过程。

第六章

父母离异　孩子的心破碎了

我乖乖地坐着　因为我不知道这是不是我的错
原来爱中　也有谎言
那么我是爱的结晶　我是否也应该完蛋

我乖乖地坐着　管它日月穿梭　花开花落
我尽管乖乖地坐着　可我的心在悬挂着
这个世界怎么了　我怎么了
为何我不能让爱围绕着我而不离开

我乖乖地坐着　也试探地看着
头顶上的天空裂开了
你们的泪水淹没了我的世界
我的泪水是否会跟着我走向未来

我乖乖地坐着
看着你们各自走开
寻找你们的未来　我未知的世界
我的惶恐就像无底的深渊　无力扑面而来

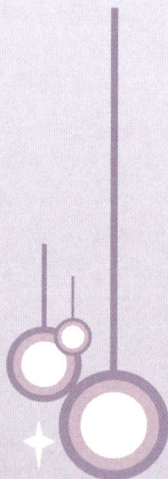

想跳楼的五岁男孩

曾经的一个来访者告诉我，她一个朋友的孩子五岁了，稍不满意就对爸爸喊："我想跳楼！"所以，她介绍那孩子和爸爸一起到我这里做心理治疗。

就在他们来之前，我了解到，孩子的爸爸和妈妈已经离婚，之前的很长一段时间，孩子的妈妈想复婚，可是，爸爸已经有了自己喜欢的女朋友，为此三个大人纠缠了很久。现在，孩子的妈妈终于放弃复婚，孩子的爸爸则在等孩子和这个后妈适应之后就结婚，只是孩子的这种状态，让他害怕和苦恼。

我们就叫这个男孩子"佳儿"吧！佳儿跟随爸爸和阿姨来到治疗室之后就自顾自地到处走、到处摸，对于父亲和阿姨对他的制止根本不予理睬，除非强行拉住他，才能让他安静下来。可是，当我邀请佳儿做沙盘游戏的时候，他竟然安静地坐下了，并且，他希望爸爸和他一起做。我问他，是否让阿姨在治疗室外等待呢？他看看阿姨、看看爸爸，第一次，我看到这个五岁的孩子在察言观色了，"那就让阿姨也和我一起做吧？"他犹豫了一下回答。

人的一生，时时处处要做决定，当然，我们要为自己的每一次在意或不在意的决定负责。

不管佳儿是真心还是假意地邀请阿姨留了下来，我正好可以看看他们之间是怎么互动的。于是，我决定开始三人组家庭沙盘游戏。制定好游戏规则之后，我让佳儿决定，谁先开始和接下来的顺序。佳儿有点儿撒娇、有点儿讨好、有点儿不好意思地笑着，让左边的爸爸第一个开始，之后是坐在他对面的阿姨，再之后就是他自己，我坐在佳儿的右边的沙盘旁边。

这三个人的沙盘，我并没有给他们划定界限，他们每个人都按顺序轮流拿沙具，在自己面前的那个范围内打造自己的内心世界。

爸爸在自己面前的一块地方使用了二三十个沙具。其间，当他可能会触及佳儿放置沙具的范围时，佳儿会小声地提出抗议，他立刻把自己的沙具放在别的位置。

　　佳儿的阿姨，也就是佳儿爸爸的女友，在自己面前的位置放置了比较整齐的两行沙具，像佳儿的爸爸一样，展示着自己的梦想、自己的爱好，以及自己的价值观。两个大人都是在呈现自己内心的世界。

　　只有佳儿，他开始了真正的"游戏"。他先拿了一只黄色的小鸭子、一只蓝色的透明小兔子，以及一块像玉一样的石块，反复地把它们用沙子埋起来，又拿出来。之后，他拿了一辆坦克在自己的"地盘"上冲来冲去，又用沙子把它埋了起来，用一把锁把露出来的坦克的天线锁起来，再之后，他陆续拿了一些小车在沙盘上行驶。这时候，我才感觉，到他的情绪舒畅了很多。之前他做那些游戏的时候，一直给我一种紧张的感觉。接下来，我看到佳儿拿起一辆已经破了的木头老爷车过来，他想放在沙盘中上的地方，却突然下意识地看了看阿姨，可能放下这部车会碰到阿姨的沙具，他选择把它放在了别的地方，直到后来那个地方太过拥挤了，他才小心地把它放在中间偏上的地方，但尽量不碰触阿姨的沙具……

　　再后来，佳儿那一些小车在埋着坦克的地方周边行驶，结束后在沙堆上停了下来。之后，佳儿又在左侧放了一个大大的水杯，在埋坦克的沙丘旁边放着一个透明人，在沙丘的侧面放了一棵小树，靠近他的那一侧放了一颗心形的小戒指和一个童话中的"能吸收能量的"戒指……

　　在整个过程中，五岁的佳儿不但能遵守游戏规则，而且，每一次阿姨摆放好她的沙具，提醒他该他拿沙具的时候，他都尽量放下手里摆弄的沙具，从沙架上挑选沙具以不影响游戏进度，对于佳儿当时的游戏过程，我并没有特别的注意。但是，此刻回忆佳儿的表现时，我感到自己内心有淡淡的哀伤，也许，那是藏在佳儿内在的一份淡淡的哀伤……

　　在分享各自在游戏中的感受和自己的作品的时候，佳儿说，他看到那个透明的稻草人很高兴（这个和小鸭子、小兔子一样，代表着很单纯、透明的佳儿）；坦克被敌人打死了，还被敌人上了锁，他看见坦克死了很难过，于是他在沙丘上种了一棵小树，让空气好一点，那样，坦克就不那么难受了（孩子的自我治愈能力）；那些警车和小车是来看望坦克的（自我爱怜之心）；小丘上的戒指和"心"会吸收山丘上的沙子，那样，坦克就可以慢慢出来了，活过来了（自我拯救能力）……

　　我问佳儿，此刻他最想对坦克说什么，他说："小坦克，你快点儿好起来吧！"

　　我让佳儿和爸爸、阿姨一起闭上眼睛，虽然开始时佳儿有点调皮地挤眉弄眼，但很快就被我催眠了，闭着眼睛认真地"看着"埋在沙子下的坦克，跟着我说："小坦克，我很爱你！我会陪伴着你，直到你好起来！我在你的旁边种上了小树，你会看到我和小树一起长大的，我们一起陪着你，你不会孤单的……"

　　当大家都睁开眼睛的时候，虽然不知道，佳儿爸爸当时心里是怎么想的，但我看到了那个男人流下来的两行眼泪……

　　坦克对于佳儿来说，到底是意味着什么，我不完全清楚，因为在沙盘中，孩子们往往在表达他们不能用语言表达的东西。

　　看到下图的这个坦克，您觉得佳儿为何要用它，用它的被打败、被封锁、被埋葬，来表达自己内心的什么情感呢？

来访者方向

　　佳儿的爸爸说，佳儿曾对妈妈说，和爸爸在一起的那个阿姨很好。长期和妈妈在一起的佳儿，即使妈妈没有告诉他，家里面到底发生了什么事情，他也不可能对于爸爸妈妈的事情没有察觉，因为孩子对于大人之间的事情，是靠感知觉了解的。

　　今天，佳儿在沙盘游戏里表现出对阿姨的礼敬三分，又对着自己爱的妈妈说，另一个"夺"走了爸爸的女人"好"，五岁的佳儿，他有着什么样的智商和情商啊？我猜不透。就拿耗时一个小时、规规矩矩地完成游戏的表现来说，他已经让我刮目相看了。

　　佳儿的爸爸说，佳儿才五岁，弹几遍钢琴就可以记下整个曲子的时候，我夸佳儿是个聪明的孩子，佳儿即刻郑重地告诉大家："我妈妈小时候也很聪明，很厉害的。"

　　当我回忆那个情景的时候，感受深刻，佳儿的妈妈虽然没有参与治疗，但是，她却无时不在。"妈妈是女人，你说，女人力气大还是男人力气大？"佳儿问道。

　　"男人力气大，你将来会成为男子汉的，所以，将来你一定会比妈妈厉害的，是吗？"我对他说。

　　"是的。"他回答。

　　"所以你一定会努力的，对吗？"

　　"是的。"

　　"所以，你现在最主要的任务就是和这棵小树一样快快长大。长大了，你就可以照顾妈妈了。小树长大了，也能让周围的空气变好了，对吗？"

　　"嗯。"佳儿郑重地点点头……

　　孩子在沙盘游戏里是用潜意识"说话"的。所以，有时候我为孩子治疗时，就会顺着他的潜意识做出调整。

　　找一个合适的女人结婚很重要！用心经营自己的婚姻，亦很重要！有了孩子，给孩子一片美好的天空，更重要！

蓝色的抑郁

父母离异，不但会影响幼小的孩子，更影响孩子未来的婚姻。

欣儿的故事就是一个证明——

欣儿婚后一年多生了一个男孩，之后就"产后抑郁"发作了。她抑郁发作的一个直接诱因，是在刚生了孩子还需要丈夫照顾的时候。

有一天，她的丈夫被公司的同事拉去做足部按摩，丈夫在那里邂逅了一个和他很"说得来"的女孩，没有按时回家。之后，他们经常聊天说心事，欣儿在丈夫的微信中发现了这件事情，情绪一度失控，大哭、大闹、歇斯底里大发作，接着就是抑郁发作，不但不能照看自己幼小的孩子，还把自己锁在房间不出门、不见人，动辄就哭泣，家人只好强行把她送来住院治疗。

出院后，她又被丈夫带来看心理医生……

欣儿的治疗算得上是一个惊心动魄的过程：沙盘游戏治疗中的醒悟，角色互换后的反省，思考问题总是趋于负面的认知……

其中，欣儿的一次沙盘游戏治疗过程，揭示了她抑郁的深层原因：欣儿第一次做沙盘游戏的时候，她在沙盘里呈现了这样一个场景：中间是一片蓝色的湖。

欣儿说，那蓝色的湖水深而沉，凉得能让人"醉"（颜色中，蓝色常常和抑郁的情绪相关再次被证实）。湖的周围有六块均匀分布的草地，每块草地上都有一个人站在那里，看着水中的她（美人鱼），这些人被分成"好人"和"坏人"。那六个人中的一个也包括欣儿的父亲！

所以说，我很喜欢在做心理治疗的过程中，借助沙盘游戏或者图画。这样可以更直观地深入到患者的潜意识之中，发觉埋藏在患者内心的真正的事实真相。

欣儿说，她的抑郁就像她想待在这个湖中出不来一样，她要面对的是自己的父亲，她不愿意看见他，但是，他却就在那里……

欣儿的母亲是一个比较要强的女人，为了改善家里的经济状况，在有一份稳定的工作之外，又开了一间皮包店，当然，是在那个店铺还不是很贵的时期。皮包店的生意是欣儿妈妈在工作之余经营的，收入竟然超过了她和丈夫两个人工作的收入。

于是，随着两人经济收入的不平衡，欣儿的妈妈开始不再像以前那样听从丈夫的安排，以照顾丈夫孩子为己责，对丈夫的一些意见也顾及不到，生活上更是忽略了对他的照顾，只是全身心地经营她的第二职业。

我们知道，这世上有"舍得"这个词儿。家庭经济状况的改善是欣儿妈妈舍去了一些女人需要做的"分内"事而得到的。

当那个在家里始终没有话语权且得不到妻子温暖的欣儿爸爸把一个"年轻的女人"带到欣儿妈妈面前要求离婚时，欣儿的妈妈才有所醒悟，认为该打一场"婚姻保卫战"，但是，为时已晚。

欣儿的爸爸达不到离婚的目的，竟然一次次地带着那个第三者回家同居，有时候还逼着欣儿的妈妈"三人同床"，强迫欣儿叫那个女人"阿姨"……

欣儿父母之间的"战争"最后以离婚收场，欣儿和她的妈妈身心都受到了重创。从此，爸爸在妈妈的嘴里就是一个十恶不赦的男人，妈妈称全天下都没有好男人。自然，爸爸在欣儿的眼里也是个一无是处、忘恩负义的男人。自从爸爸离开这个家之后，欣儿再也没有理过爸爸，爸爸给她的礼物之类的东西，欣儿一概不要。后来，欣儿谈恋爱未告诉她的爸爸，欣儿结婚、生孩子，对她的爸爸更是只字不提……

当我和欣儿谈及父母的婚姻对于自己的影响时，欣儿说，爸爸的行为彻底打破了她对爱情的幻想和对男人的信任，她的这个丈夫是婚前经过了"千辛万苦"地追求、花样百出的考验，并在欣儿的母亲"促成"之下，才把欣儿"囊括"怀中的。可如今，刚刚生了孩子，就出了这样的事情！欣儿无论如何也不能接受丈夫这样的"背叛"。

有个精神分析流派的心理学家曾说过，女人的产后抑郁发作，往往是因为产后遇见了"父亲"：一个是她的家公，一个是自己的丈夫——即丈夫身上会浮现出自己的父亲或者家公的影子。这时候，如果女人现实生活当中的父亲留给女人的多是"伤痛"，那么，重新遇到"父亲"这个角色，将会勾出这个女人的伤痛，继而引发抑郁。

欣儿的情况印证了这个说法，爸爸是欣儿认识的第一个男人，一般女孩是通过了解爸爸了解这个世界的男人的；在和自己妻子的"战斗"中，欣儿爸爸给女儿留下一个不堪的男人形象，加上妈妈的哀怨，即使后来的丈夫如何忠诚，欣儿的内心也不会单纯地认为，爱情会天长地久的。

所以，她从恋爱到婚姻都走得战战兢兢，以致稍有风吹草动，她就会跳起来，证实内心的那个"男人都不可靠"的结论是正确的，然后，她就会像她的妈妈一样，活在了创伤里，活在了深深的抑郁之湖里。

在欣儿的陈述过程中，她不断地痛苦地强调和丈夫交往的那个"年轻的女人"，她仿佛回到了以前，回到了妈妈的影子里，她承受着自己和当年的妈妈两个人的自卑、无奈、愤怒和绝望。

同时，欣儿以拒绝丈夫的方式攻击爸爸的出轨，以抑郁宣泄着对爸爸的不满。爸爸不可能不知道欣儿抑郁了，爸爸也不可能不知道欣儿的丈夫"出事"了，欣儿出问题了。

当年，妈妈以怨愤的心态和欣儿组成联盟，她不知道，这样一来自己宣泄了，欣儿却被她的痛苦"绑架"了，欣儿承受了自己和妈妈的双份痛苦。

自从踏进婚姻之门，欣儿就经常怀疑、唠叨，仿佛当年的妈妈"附身"了。这是妈妈长期将自己的思维情感和幼小的女儿分享的结果：女儿处于同情，逐渐地和妈妈结成了"联盟"，一旦成了真正的女人，就开始了潜意识的和母亲的既往形象的认同。

妈妈是不幸的、痛苦的，不被男人爱的，那欣儿如今怎么能得到男人的爱呢？怎么能幸福呢？认同妈妈，让欣儿失去了原本的自我。所有痛苦的背后，也有欣儿对爸爸的万千不舍，和对男人忠诚的渴望……

这是欣儿的第一次沙盘游戏的沙画。

来访者方向

治疗师方向

欣儿这样解释自己的这幅沙画：美人鱼本来在水里自由自在地生活，突然有一天，她的周围充满了很多陌生的目光。这些人一半是好人，一半是坏人，其中一个是她的父亲。看到这些人，她感觉到这世界很恐惧，恐惧让她倍感消沉和绝望，让她没有上岸的力量……

我引导欣儿一个个面对那些好人（她内在好的自己的投射），以及坏人（她内心不能接受的事物的投射），并对着那些人倾吐她看到坏人的忧虑和烦恼。之后，让她静静地感受这些人会对她说些什么话？

过了几分钟后，欣儿告诉我，那些好人告诉，她要勇敢地面对困难，并在面对时寻找并运用智慧克服困难；坏人说，他们也不想做坏人，有时候没有办法才做一些不好的事情。

我问欣儿，如果是那样，你是否能理解那些所谓坏人的身不由己或者迫不得已？欣儿说，她的心里也许有了一些理解。

之后，我让欣儿闭上眼睛，看着沙盘中的"父亲"，并向他倾诉自己对他的不满和怨恨，然后，再让欣儿想象父亲的样子、感受父亲的感受。欣儿说，她能感受到"父亲"面对女儿时的内疚，她对父亲"表现"出的内疚感到安慰和理解，现在，觉得他也不容易，自己也多少可以谅解他了。

从催眠中走到现实，再从现实中回到沙盘游戏中，欣儿再次看着"父亲"，觉得他距离她（美人鱼）太近，她（美人鱼）不舒服，她就把"父亲"半埋在较远的沙子里，这样她既能看见他，又不会害怕他。最后，她带着这种感觉离开了治疗室，我感觉，她整个人明显地轻松了很多。

君君的故事

我成了爱哭的孩子

君君说，她过完这个年就三十岁了。她以前一直是个很上进、以工作能力强被老板和同事认可的女孩子。可是，最近一年多，她觉得自己越来越糟糕了，总是无端地情绪低落，睡不着觉，工作起来脑子反应不上来，最明显的是她开始爱哭了！就像她现在坐在我面前一样，一开始讲自己的事情，眼泪就簌簌地流。

"我以前觉得自己是很坚强的，可是，现在我就这样经常无缘无故地哭，老板说我一句不对，我就哭；父母亲打电话的时候，一听到不开心的事情，我也哭；当天的工作没有完成，我更哭……我在网上查了，说这好像是抑郁症的症状，我就来咨询一下：一是想确认我是否得了抑郁症，是否需要服药治疗？二是如果我得了抑郁症，是否可以做心理治疗？"

当君君在网上预约治疗描述她的情况的时候，我已经初步判定她得了抑郁症，而且已经严重到需要药物治疗的地步了。但是，当君君出现在我的工作室，我从表面上根本看不出她患抑郁症的迹象。通常，如果精神病患者症状明显，经验丰富的精神科医生通过观察，就可以初步断定是哪种疾病。当然，还需要经过精准的精神科诊断程序，才能确诊。而另外一些患者就像君君那样，照常工作，看到你时一如既往地笑脸相迎。这类患者，你从表面看不出他的内心是多么痛苦、情绪是多么低落，他的幻觉、妄想是多么严重的……

精神疾病和身体疾病不同，患者没有明显的痛苦体征，除非他的疾病严重地到通过异常行为表现出来了，旁边的人才会关注到。而多数人就像君君那样，没有达到行为异常的程度，你就不知道他们患病了。有的患者，连自己生病了都不知道，就像严重的精神分裂症患者，不知道自己听到的声音是幻觉，有人要追杀他是妄想。所以，他会和自己的幻听觉对话，会因为感到有人跟踪自己而害怕。

报纸上屡屡报道说，有的精神病患者在幻听和妄想的情况下，以为街上的人要杀自己，于是先动手去杀害别人，结果酿成了惨剧，此人之后就有可能要在警察的精神病医院里度过余生了。

对于一些精神分裂症患者来说，他们已经和这个世界做了深层次的隔绝，这种隔绝有些是心理上的，有些是病理性的，需要药物治疗，有的人终生不愈，一直处于情感淡漠的状态，宛若"人间木偶"……

我只想说，像君君这样的抑郁症患者很多。但是，能像君君这样来求助的，却并不多！

君君，身穿白色条纹短袖衫、黑色短裙，高挑匀称的身材，大概一米六七的个头，长发，大眼睛，瓜子脸，白皙的皮肤，彬彬有礼，和人打招呼的时候嘴角翘起，好一个漂亮而且迷人的女孩儿。

可是，眼前这个可人儿未开口就流眼泪……

我和君君探讨了我们的治疗目标：

1. 诊断已经清楚了，是否要吃药，可以等做完心理治疗再做决定；

2. 探讨她得抑郁症的原因，帮助她走出来。

于是这次治疗就从君君回忆自己的成长经历开始："说起我的成长经历，我有一个心结。"她开口说了这样一句。她说着，眼泪就止不住流了下来，我把纸巾递给她，静静地听她讲自己的故事。

君君出生在东北一个中等城市的普通家庭里，爸爸是机械工程师，妈妈做点小生意。在君君的记忆中，从小到大，爸爸妈妈总在吵架，"各种吵！"君君强调道。

其实，爸爸妈妈都是很善良的人，都有北方人性格耿直的特点，都"心里不藏事儿"，对于对方不满的地方直接抱怨、指责。特别是妈妈，她性格外向、泼辣，"说风就是雨"，常常不顾及爸爸的面子，让爸爸很气恼，爸爸常常为了维护自己的面子，和妈妈吵架甚至动手。

君君说，她实在忍无可忍了，在上初中的时候，当爸爸妈妈第 N 次提出离婚的时候，一气之下，君君拖着爸爸坚决地离开了家，坚决要爸爸和妈妈离婚。君君的推动，让这一对常年战火不断的夫妻很快就拿到了离婚证。

虽然爸爸妈妈离婚了，但埋怨并没有结束，只要君君见到自己的妈妈，妈妈就不断地抱怨爸爸的不是。后来，知道爸爸有女朋友了，这种抱怨更是有过之而无不及，使君君不胜其烦。

后来，好不容易妈妈也有了男朋友，妈妈的抱怨才开始减少了。不过，妈妈有一次曾埋怨君君，说君君当年不该让他们离婚。

"我不知道是否做错了。"君君只是轻轻地说道。但是，这句话却在我的心里激起了不小的波澜：君君的内心里也许有难以承受的愧疚和自责……

"当年，爸妈离婚之后，你的情况怎样呢？"我轻轻地问。

"我那时读初中，其实，现在想起来我还是挺难过的，只是自己当时没有感觉到。为了早点儿参加工作，使自己独立，我放弃了读高中，去读职业中学，之后读了大专，毕业后有了一份做翻译的工作。

"我工作起来得心应手，在爸爸的鼓励下有点争强好胜，唯一的遗憾就是每次回家的时候，总要听妈妈的抱怨和唠叨，即使这样，我也觉得，一切还是挺好的。可是，就在一年前我突然像完全变了一个人似的，再也没有了干劲，对什么事都提不起精神，现在知道是抑郁发作了……"

"你的婚姻情况呢？"没想到，这句话又让刚刚平静的君君再一次泪流满面。

"不知从什么时候开始，身边的女孩一个个都嫁出去了。我突然发现，自己这么大了竟然没有正式谈过恋爱。亲戚朋友也给我介绍过男孩子。但是，我发现自己根本没有办法和异性相处。和男孩子相处，我非常不自在，特别是聊天的时候，我特别不愿意参与到别人的感情世界里去……"

"参与到别人的感情世界里去，对你来说意味着什么？"我问。

她想了想，边思考边说："也许，就意味着我会爱上一个人，那样，我就会结婚，结婚后可能又会吵架……"

"你害怕重复爸爸妈妈的婚姻状态？"

"也许是的。这么多年，只要一想起爸爸妈妈离婚这桩事儿，我就很难过……"

"你的性格像谁呢？"我追问。

"像我的爸爸，善于自我反省，理性。"她回答得很快。现实中，和爸爸关系密切的孩子，都趋向于理性；而和妈妈关系密切的孩子，往往比较感性。

"你只像爸爸吗？"

她有点儿吃惊，低着头说："我其实还像我的妈妈。那么多年过去了，妈妈还生活在对爸爸的怨恨里，而我生活在爸爸妈妈的埋怨里，生活在爸爸妈妈离婚的痛苦里……"

"妈妈还一直生活在过去，她虽然离婚了，但是，心理上却没有离开你的爸爸，这样，她就没有办法开始新的生活。你如果还生活在爸爸妈妈离婚的阴影里，那你也还是那个生活在爸爸妈妈吵架的阴影下的孩子，永远也长不大，你说呢？"

"是的。"她回答道。

　　"那么，你怎么能去恋爱、结婚呢？恋爱和结婚意味着你是要承担责任的，承担给自己爱的人关心和照顾。你一直活在小时候的小姑娘状态，而小姑娘是不用承担爱他人的责任的。"

　　君君停止了哭泣。

　　"刚才，你说起妈妈曾埋怨你促成他们离婚，是吗？"

　　"嗯。"

　　"当爸爸妈妈吵架的时候，你觉得，他们心中有没有你？"

　　"他们可能忘记我了，有时候看见我难过，他们就停止吵架，后来，我慢慢长大了，想明白了，我妈妈没有文化，和爸爸无法沟通。而爸爸妈妈都有很直的个性，也许吵架就是他们的沟通方式。可是，那时候我不懂啊！"君君看到自己内心隐藏的那份深深的内疚了。

　　"他们明知道你已经受到了影响，但还是没停止吵架。当你支持他们离婚的时候，已经证明你无法忍受他们的争吵了，已经告诉他们，他们之间出现了很大的问题了。可是，他们还是没有停下来。如果他们还相爱，他们就应该坐下来好好探讨一下，他们之间到底出了什么问题，该怎样解决。但是，他们没有。他们是成年人，而你是个孩子，他们没有为自己的行为负责，你说要他们离婚他们就离婚？他们也没有为自己的婚姻负责，没有为自己的另一半的幸福负责，没有为孩子的幸福负责。"

　　君君的眼泪又一次流下来。停止流泪的时候，我能感受到君君明显轻松了很多。

　　她苦笑着说："我不知道为什么以前我那么坚强，而现在都这么大了却这么爱哭？"

　　"一只带着很重伤痕的动物，在它以活下来为目标而奋斗的时候，它有心情坐下来照顾自己的伤口吗？"

　　"她只想着活下来。"

　　"而当她生活安逸了，环境足够安全了，这时候，她是否需要让自己的生活更完好？"

　　"要的。"

　　"那它是否该处理自己的伤口了？"

　　"是的。"

"为什么现在它敢处理自己的伤口呢？"

"因为它不想让它再影响自己。"

"凭什么现在它可以去处理它呢？"

"也许是因为，现在再痛，它都安全了。"

"现在还有钱买药，是吗？"我开句玩笑。

"是的。"

我和君君都笑了，她的嘴角向上翘起，很好看。

我们预约了下次的治疗时间。

真实的君君

这是君君的第一次沙盘游戏。图中的长颈鹿、老人、奶牛，全是她自己。君君说，当她第一次走进治疗室的时候，那只长颈鹿就引起了她的关注。

我相信，那是她自己的真实投射！君君说，那座桥让她想起了小时候放假时在农村老家的情景。那时候，她总和乡下亲戚家的孩子玩耍：游戏、赶牛、坐牛车、上树、打架，无拘无束……

治疗师方向

"其实，你的童年并不全是痛苦，是吗？"我问君君。

"是的"君君说，"也许，是现在的我控制不了自己的痛苦吧？"

"你觉得问题在哪里呢？"

君君回忆起小时候的事情：她"拖着"爸爸离开啰唆的妈妈之后，他们先是住在一个寒冷的、墙上结冰的小屋子里。就是在那段时间，君君才和她的爸爸开始交流，以前爸爸是不会和她这个小孩子聊天的。爸爸和她谈了很多人生感悟，君君也感受到了前所未有的轻松，她过了一段无忧无虑的生活，并且，她开始管理家里的家务和日常开支……

"我怎么感觉你在做一个家庭主妇了？"

"现在想来，是的。"她倒干脆。

"那段无忧无虑的生活很美好，我感觉那时候自己内在的动力出来了：不读高中读职业中学，一心想快点工作，证明自己长大了，可以赚钱养家糊口了。可是，几年后我回到家乡看妈妈，这一看，我的噩梦开始了……"君君又开始流眼泪。

"妈妈过得不好，她得了严重的乳腺疾病，看了很久都好不了。"纸巾不断地被她抽出来，用来擦眼泪鼻涕，"妈妈还是不断地埋怨爸爸如何不好，有一次，她埋怨我不该让爸爸和她离婚。从妈妈那里回来，我就再也没有开心过，我开始失眠、焦虑……"她突然看着我说："但是，我觉得自己还是挺厉害的，在那种情况下，我还是以不错的成绩大专毕业了。"我点点头支持她，问道："还有爸爸的无条件支持嘛，是吗？"

"是的，爸爸一直很支持我。"君君继续述说，"可是，当爸爸有了新女朋友的时候，我很伤心，我觉得爸爸不要我了。每一次回家我都很难受，也总是借机和爸爸吵架，结果，爸爸和她的女友分开了。之后，我看见爸爸孤零零没有人照顾，很可怜，我又开始自责。爸爸妈妈两边的家，我每一次回去都很难受，我开始疯狂地工作。我的梦想只有一个：就是早点儿买个房子作为自己的家……"

"后来，爸爸又有了第二个女朋友。我知道，自己以前可能做得不好，所以开始放手了。我很少回家，开始出现严重的失眠，吃了很多药也难睡个好觉，我的情绪开始抑郁了。现在，我甚至对赚钱也没有多大兴趣了……"

"你要的那个家，并不是一座屋子吧？"我试探着问这个问题。

君君吃惊地望着我，之后点点头，说道："也许是的。我快三十岁了，很多人给我介绍男朋友，都没有结果。我不能体会别人的感受，也不能让自己爱上别人。而且，每次和男士约会，我都会想起我的父母。"

"所以，你就成了那个长颈鹿，高冷？"我试探着解释。

"嗯，是的。"君君露出了笑容，她了解了她自己。

"你只有和你的父亲在一起，才觉得不冷，是吗？"

"是的。"

"但是，父亲最终不是你要找的男人。"

"是的。"

"如果你一直活在过去的痛苦里，你就一直在那里。"我指着一个点说。

"嗯……"君君若有所思，"我曾经也想过，每个人都有自己的命运。就像妈妈，她没有好好地爱自己的丈夫，我们离开了她，也是她的命运。"

"是的！"我肯定地说。

"所以，我应该把妈妈和爸爸的命运交给他们自己，然后，自己去寻找自己的幸福，是吗？"

"那是绝对的。"

"那我现在是在离开父母和找到自己爱情的一段空档期，是吗？"

"那当然。"

"我还没有自己的家、自己的爱情，那我肯定不会快乐了，是吗？"

"那当然。"

"那我的抑郁应该是正常的了？"

"那当然。"

君君的嘴角又往上翘了，快乐在我们之间升起……

君君的心结

这一次见君君，她不是第一次来时那身白领丽人的打扮，也不是第二次看起来随意但并不随便的搭配，白色的衬衣和牛仔裤，给人一种亲近的

117

感觉。

君君坐下来，告诉我，最近她的情绪很不好，做事浮躁，和同事有时候还会吵架，别人都说她有点不可思议。我问，不可思议指的是什么呢？她说，她以前从来都是个乖乖女的形象，从来都不会反驳领导的意见，即使以前上级领导做事明显不公平，给她安排太多的她做不了的事情，她都不敢埋怨，更不用说反驳了。最近，她不愿意就这样忍受，直接拒绝了。

"你是否到了叛逆期？"我开玩笑地问。

"你不是说，我是个孩子吗？还活在那个痛苦的过去的小孩子吗？"她有点儿好奇。

"那个小孩子开始长大了嘛，到了青春期了嘛。"我还是和她开着玩笑。

她有点释然地笑笑，还是以前那样边思考，边说："也许是的。我开始关注自己的感受了，这是我来这里咨询几次之后的改变。我以前不会拒绝别人，不会对任何人说'不'字的，我觉得，这样对我并不好，所以我现在要学习说'不'字了，我要照顾自己的感受了。但是，我还是有一个心结……"

君君欲言又止，低着头好像在整理自己的思路："我的这个心结，以前从没和任何人谈及过，我觉得这是家丑，家丑不能外扬，是吧？"她的眼泪又簌簌地流个不停。

"这么多年来，我妈妈一直没有再婚，我看她一个人可怜，每个假期都回家去看她，爸爸还埋怨，这么多年来，我都没有和他过过一个假期。他有女朋友啊，我不想和他们在一起，我只能回去看妈妈。可是，我实在不能接受和妈妈亲密相处。我知道，妈妈是个不合格的母亲，也许她也不想那样，所以她也是无辜的。但是，我还是没有办法和她亲密相处……"

君君的眼泪像断了线的珠子，擦不过来，直接滴到她胸前的衣服上……

"我永远都忘不了妈妈在我小的时候，带着我去见爸爸所谓的"情人"的情景。虽然后来事实证明，那并不是真的。那天，妈妈带着我找到那女人的家里，各种'泼'，各种'歇斯底里'，她不顾及自己的脸面，可是，我要脸啊！我扯着妈妈的衣服让她回家，她就是不听，我觉得，我们在众人面前丢尽了脸面……"

"妈妈就会赌博，爸爸只会上班赚钱，他们一个不顾家去赚钱，一个不断地在那里败家，最后，吵着吵着，竟然让我来管家里的收支。如果月底钱不够用了，就一起责怪我没有管理好家里的钱……"

"我现在明白了，"我用双手拍拍自己的大腿，把君君从她的痛苦中拉了回来，看着她好奇的眼睛，我说："我知道你痛苦的原因了。当你的父母没有办法和谐相处的时候，你被他们'利用'了。你只是个孩子，他们却把你放在了半个'妈'的位置。这对于一个孩子来说，是绝对不公平的。作为小孩子，你的任务是在他们的保护下成长。现在，你却被两个不负责任的家长委以重任，做起他们的家长。难怪你这样委屈，难怪你和爸爸搬出去住了之后，也顺理成章地做起了家长。不过，这时候的家长做起来好做多了，是吧？因为没有妈妈败家了……"

我的共情，最后有点调侃的意思，君君竟然破涕而笑了。

"你现在还在照顾'可怜'的妈妈，还在做你妈妈的妈妈吗？"

"啊？！"君君恍然大悟。

在接下来的治疗中，我给君君做了一个"角色转换"，让君君面对自己的母亲，发泄内心的不满。之后，当君君再转换到母亲的角色的时候，她明白了，自己母亲的心中也有对于自己孩子的内疚。同时，母亲唯一的愿望就是希望君君能快乐地生活。母亲说，她愿意承担自己的个性带给自己的命运，并告诉君君，是否再次结婚，也是她自己的选择，她会让自己向好的方向努力的。

"我也该为自己生活了，"当角色转换完成后，君君叹息道，"我感觉这么多年来，我都没有为了自己生活过，都不知道我是谁了。"

"从你作为爸爸妈妈的'妈妈'那时候开始，你就不知道自己是谁了。"我插话道。

"嗯，确实是这样的，我现在是要为自己而活了！"君君在下决心。

"那你现在的首要任务是什么呢？"我笑着问她。

"嫁人。"她好像知道我的想法似的回答道，"但是，我看到男人都脸红啊，很怕羞，我觉得自己和男人交往有障碍。"她下意识地摸摸自己的脸。

"那说明，你已经到了青春期啊！或者，你还活在一个少女的情怀里啊！恭喜你啊！你看看，我这个老太婆，现在看见任何男人都不会有那种害羞的少女情怀了啊！"我又调侃了起来，我们两个在治疗室里大笑了起来（希望我们的笑声不会影响到外面的患者）。

"我现在知道了，这样见到男人就害羞、脸红，其实也不是坏事。"她摸着自己的脸。

"那当然，还不好好享受你的青春。到了我这个年纪，想有都不可能了啊！"我们两个又哈哈大笑……

在和君君相处的过程中，我的内心也感到阵阵的悲哀。我也在反省自己的婚姻、自己给孩子造成的伤害。

不懂心理学的人常常会说："作为一个心理医生，自己的心理问题都没有解决，怎么能治疗你的来访者呢？心理医生竟然说，自己的职业是一个助人和自助的过程，难道是拿你的患者来给你治疗吗？"

现在我回答您的问题："不是。心理医生的助人、自助是一个互动过程，就像我和君君在交流中，从她父母的问题的剖析中，不断地认识了自己。同时，在和君君的聊天中，我也更好地了解了我的孩子内心的真实想法。这样，我就可以更好地调整自己，更好地和我的孩子相处。当然，这个过程，我作为一个母亲，也多少了解了另一个母亲的内心，我和君君达成了一个十分契合的咨访关系。"

就在完成这个故事的前几天，我前往广州市一家医院的孕妇学堂去讲课。在课堂上，我深有感触地说："之前，我也认为，孩子的家就是爸爸爱妈妈！爸爸在他的位置上爱着自己的妻子，管理着自己的孩子，那么，这个家绝没有混乱的情景。但是，现在看来，爸爸爱妈妈，那只是结局，更加正确的说法应该是，孩子的家，首先应该是妈妈爱爸爸，妈妈爱自己的丈夫，丈夫才能在孩子的心目中处在自己做父亲的位置上，充当那个家的'王'，妈妈才能成为'王后'。一个家有了王和王后，对于孩子来说，这个家无疑才是最安全、牢靠的。"

所以，爸爸妈妈们都相爱了，君君们的悲剧就不会发生了……

第七章

爸妈给的永远的家

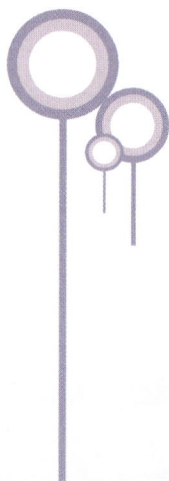

我生于斯　逝于斯
懵懂来于尘　戚戚归于土
一生萦绕着乡音
一世枕着乡愁

回头归无路　却阳光无数
斑驳丽人影　笑看哀伤无数

前路无力行走　拐角处　小花一束
蹒跚迟疑脚步　盼呼儿填肚

画中找不到旧日风景
朦胧中看你似影楼
收藏起往日的张张音容

期盼了一路　往前走
回首了一路　爱和愁
终还是要回归这片沃土
做我来过人世的见证

——乡愁

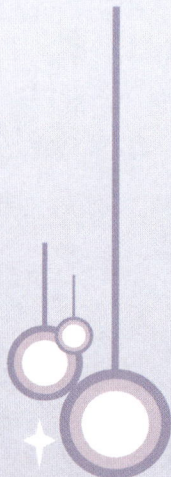

没有根的孩子

多年前的一天，我的诊室来了一位患多动症的男孩。他叫小磊，大概十一岁，长得比同龄孩子高大威猛。我问及小磊的成长历程，从中了解到：小磊出生在爸爸妈妈为了结婚而购买的房子里。一年后，小磊的妈妈为了在自己上班时，孩子能得到外公外婆的照顾，带着一家三口搬到了自己的父母家。两年后，小磊的妈妈又以照顾小磊上幼儿园为由，在单位附近租了房子住。等小磊上完幼儿园，小磊妈妈又以照顾孩子读书为由，带着丈夫和孩子在学校附近租了房子住，直到小磊来看病，他们还住在出租屋里。

交谈中，我也了解到：每次搬家，都是由小磊妈妈决定的。当我把这个发现提出来的时候，小磊妈妈很惊讶，突然意识到，自己从小到大就从来没有有一个固定的家的想法。在小磊妈妈小时候，她的父母因为建筑工作的原因，不断地改变住所，没有固定的家，对于小磊妈妈来说，早已习以为常。所以，当她婚后有了小磊之后，她仍然像她的父母年轻时那样，可以轻而易举地做出搬迁住址的举动。

"也许我的心一直都是动荡的，也习惯于动荡，才会带着我的一家人过着像当年我的父母一样的生活。"小磊妈妈说，作为女孩子，在校读书时她看起来文文静静，其实内心却很躁动；即使是现在工作了，她也不能踏踏实实做事，她觉得自己一直难以适应这千篇一律的工作（主要在医院的门诊药房发药），她经常性脾气爆发，这已经严重地影响到了她和同事、领导的关系。

而今观察小磊，这个思维、情感异常活跃的孩子，在学校不能安静地上完一堂课，下课更加活跃，不能有效控制自己的行为，总是惹得同学、老师投诉。当小磊给我讲述自己的情况的时候，他说，自己也很苦恼。我问小磊，小小年纪就换了这么多地方居住的感觉是怎样的，小磊瞪着眼睛好似看着远方，比画了一个大大的飞的手势说："就像飞的感觉。"

几年后，我又接到一个相似的个案：他叫嘉宏，十九岁，老家湖南，他是和他的父亲一起来到治疗室的。嘉宏患有抑郁症，正在药物治疗中。他告诉我他对什么都没有兴趣，做事情、学习都是三分钟热度，无数次下定决心要做好事情，或者说是坚持学习，但是，最后都会不了了之，这也是导致他抑郁发作的原因之一。一年前，他从贵州的一个电子中专学校毕业后，父亲就安排他去深圳读 IT 类的大专，学了半年，他就对这个专业没有兴趣了，自觉前途渺茫，不由得郁郁寡欢、情绪低落，最终只能休学，看病求医。

嘉宏的老家在湖南山区的一个小村子里。二十多年前，因为家庭贫穷难以生存，刚刚结婚的嘉宏父母，毅然远走广州，在那个刚刚发展起来的城市的一间工厂里打工。尽管工作很辛苦，当时，年轻的嘉宏父母还是坚持了两三年。之后，嘉宏出生，嘉宏爸爸只能一个人工作，妈妈在家带孩子，这样虽然日子过得去，但也没有多少积蓄。

于是，在嘉宏三岁的时候，他们离开了广州，一家三口回到了家乡。这次生活虽然安定了，但是，日子还是过得贫穷而艰难。于是，嘉宏的父母就把嘉宏交给在小学教书的嘉宏的爷爷抚养，两个人又一起去了贵州，在同乡的帮助下做起了买卖家居的生意，这一干，就是六年。

嘉宏在家乡小学读书，有爷爷奶奶照料，父母有空回去看看。嘉宏要读初中了，父母在贵州找到了一家私立学校让嘉宏读书，付了三年高昂的学费，最后的结果并没有达到他们的预期：嘉宏没有考上高中。之后，他们又送嘉宏去了距离他们租住地几百公里之外的一所广西的学校读中专，以嘉宏的说法，他也是勉强读完了那些课程，根本就是混时间而已。中专毕业后，拿着电子中专文凭的嘉宏，和同学一起去了广东东莞的一家电子厂做工人，高负荷的工作节奏，嘉宏根本没有办法适应，勉强工作半年之后，他只能放弃。之后在父母的支持下，嘉宏又重回学校读大专，接着，就是文前所述，嘉宏抑郁症发作了、休学了。此时，他的父母已经在嘉宏去东莞工作的时候，将生意转移到了广东番禺，据他们说，生意也不是很景气……

当父母一旦选择了奔波的生活，孩子也就有了一个动荡的心！

当我问及嘉宏，他最好的朋友在哪里的时候，他想了想回答："在贵州。"

"中学的同学？"我接着问。

她回答："是的。"

我心里一阵难过，想起了我小学、初中，一直到现在还常联系的发小，她们是我这一生坚强的、可以安放乡情的大树，无论多少年，见与不见，在彼此的心里都是永久的依靠。而嘉宏还要想一想，谁才是他最好的朋友。

嘉宏说，他每到一个地方认识一些人，还没有完全熟悉，就又要分离。当我问及嘉宏对于故乡的概念的时候，他说："应该就是湖南那个村子吧！"一句"应该"，道出了多少心酸。

当我邀请嘉宏的爸爸进入工作室后，我问他："你们现在的家在哪里？"嘉宏的爸爸说："这么多年，我们一直在外奔波，没有买房子，也没有在家乡盖房子，回家就住在父母家中。"我追问嘉宏的爸爸："对于到现在还没有一个自己的房子，感觉是什么？"他想了想说："心里没有底。"

看着满脸皱纹的嘉宏爸爸，他应该四十多岁了，满脸的沧桑。

看着嘉宏抑郁的样子，我也满心的哀伤。我调整了下自己的情绪，和他们探讨了家乡对于一个人一生的意义，也探讨了嘉宏在无意识地重复着父母亲"居无定所""四处奔波"的心理模式……当嘉宏明白了今天自己之所以不能静下心来做成一件事，是因为潜意识里和父母一样不能心安，没有一个固定的住所，没有可以给自己力量的源泉，也没有心灵的承载地的时候，我观察到他的脸上逐渐有了光芒，眼睛有了神采。

在工作中，我经常发现，心理咨询和心理治疗，对于来访者的意义，很多的时候就在于。它给来访者一个安放痛苦原因的地方。这地方即是咨询师和来访者共同拨开意识和潜意识之间的薄纱后呈现的导致心灵痛苦的缘由。

不过，就像曾经的一位美国资深老心理学家在我们的一次心理督导课程上所说："每一个行为的背后，都有千万个理由。"心理咨询的过程，就是尽量地去发现那一个个理由。而每一个理由的发现，都在一定程度上给了来访者心灵慰藉的依靠，并在此依靠上，成长出他心灵壮大的幼苗。

嘉宏的爸爸还主动给我讲了嘉宏弟弟的故事，他也是去了很多的地方生活，目前，还在老家由爷爷奶奶抚养，性格也是孤僻、不合群、不乐观。我建议嘉宏的父亲思考这样一个问题：在他目前生意状况不是很好的情况下，是选择以照顾自己的两个孩子为主呢，还是继续这样四处奔波，让孩子过着居无定所的生活？他们都不知道自己的家、自己的根在哪里？！

有个叫刘亮程的作家写了一篇文章《对一个村庄的认识》。文中写道：

"故乡对中国汉民族来说，具有特殊意义。我们没有宗教，故乡便成为心灵最后的归宿。当我们老了的时候，有一个最大的愿望便是回乡，叶落归根。懂得自己是一片叶子时，生命已经到了晚秋。年轻时你不会相信自己是一片叶子，你鸟儿一样远飞，云一样远游，你几乎忘掉故乡的那棵大树，但死亡会让人想起最根本的东西。许多人都梦想死了以后埋到故乡，一则是对故土最后的感激，人一生都在索取，只有死亡来临，才想到用自己的身体喂养故土。二则人在潜意识深层有'回去'的愿望。所谓轮回再生均以回去为前提。所有的宗教均针对死亡而建立，人们追随迷恋宗教，是因为它给死亡安排了一个去处。一个人面对死亡太痛苦，确定一个信仰，一个'永生'的死亡方向，大家共同去面对它，这便是宗教的吸引力。我们汉民族没有宗教，死亡成了每个人需要单独面对的事情。这时候，故乡便是全部唯一的'宗教'。从古到今，回乡一直是中国人心灵史上的一大风景。"

其实，当一个人开始独立的时候，与他的勇敢探索世界的动力如影相随，还有一种情感，即焦虑，以及由焦虑而滋生的恐惧。这种恐惧可能要追溯到婴儿感受不到妈妈在身边的时候。

每个人内心都有根深蒂固的恐惧和害怕：对死亡恐惧、对未知的未来恐惧、对失控恐惧。其中，最大的恐惧是对于死亡的恐惧。而死亡没有预期，也不是老了之后才会面对的事，任何人都不知道它什么时候会来，宗教给了一个人明明白白的归宿，生命结束，那不是死亡，而是另一个轮回的开始，所以，在一定意义上，给了人灵魂深处的镇定。对于我们汉人来说，家乡是最后的归宿。而对于没有土地的城市人来说，只有有个家，才能让灵魂站在那里，去思考死亡，去坚强地面对死亡。

因此，中国人把买房子看得十分重要！没有房

子的人，在灵魂的深处会处于忐忑、焦虑之中。大人们还可以用理性的思考压抑内心的惶恐，而孩子们只是靠感知认识这个世界。所以，他的惶恐难以控制……

每个孩子，都需要一个属于自己的家，属于自己的故乡，那样他的心灵才能平静，才能坚强地去面对未来未知的一切！

我就是个懒孩子

薇儿读初二了，她觉得，自己有强迫症，于是，在临近升初三的时候休学了，也没有坚持服药，就在家里看看手机、闲逛，度过了一年。今年，她决定服从妈妈的决定，重读初二。本来信誓旦旦地说好要读书的，结果一个学期不到又不想去学校了，理由就是不想读书。其实，她的学习成绩一直是不错的。

因为曾经有强迫症，现在又不去读书，妈妈很着急，就带她来做心理治疗。

薇儿第一次来做治疗，是妈妈带来的。薇儿虽然只有十六岁，但是，身体强壮，稍胖，皮肤白净，国字脸，河南人，同样来自北方的我对这个女孩儿一见如故。初次见面，我问薇儿，为何不读书，存在什么困惑或者困难。薇儿只是说："我是个懒孩子，就是不想去学校。我也不想这样，但是，控制不住自己。"我说："你妈妈带你来这儿，目的是让你回到学校上学的。"

她妈妈附和我说，她也是这个目的。"但是，这却不能成为心理治疗的目的，我们只能分析你为何不去读书！"我用目光征求她的意见，她认可了我们的治疗目标。那么，之后是否能去学校读书，只能看她自己的意愿了。

薇儿出生在河南一个不算富足的乡村家庭。她的祖辈其实不是河南人，当年，"黄河发大水"之后，薇儿的外公失去了父母，和他的哥哥一路讨饭，最后在薇儿现在的家乡落脚，薇儿的外公是被他的哥哥过继到薇儿现在的外公家的。薇儿的外公后来成了一个做生意的人，比较善良，从来不和人计较，不管怎样，能活下来，也许对他来说，已经是此生最大的幸福了。而薇儿的外婆呢，却是个十分爱计较的人，她家中姐妹六个，只有最小的一个是男孩，她排行老二，在那个以吃饱为首要目标、以男孩多表明家势强的年代，可以想象得到，薇儿的外婆很可能是个从小就被父母"情感忽略"的孩子。所以，这样的女孩子在成长过程中，多少会有一些"自私"的成分，因此，造成了薇儿外公和外婆之间不断的争吵！

或许也是这个原因，薇儿的妈妈在她自己的婚姻里竭力地付出，以期能让自己的家庭朝"和睦"的方向发展。薇儿的妈妈解释了她在曼陀罗画里体现的个人意向图，她说，她很想把自己分为三个人，分别给自己的丈夫、大女儿和小女儿，唯独没有她自己！她的亲子关系图里，画着自己和两个女儿；她的个人追求里，也是一家人亲密和谐的场景……

当我问薇儿，她是怎么看待妈妈这样付出的？

薇儿说："妈妈这样，我们一家人都会依靠她的。""一家人都依靠妈妈的感觉是什么？""感觉妈妈很强势。妈妈什么都做了，我就不用做了；妈妈什么都说了，我们都不用说了，爸爸说话也少了。"

"你希望爸爸多说点儿话吗？"

"也可以啊！"看得出薇儿说话时也照顾着妈妈的感受，"不过，家里还是妈妈说了算。"

"妈妈说了算，这给你什么样的感觉？"

"控制！"她看了一眼妈妈，不敢多说。

"你觉得一个家，如果是男主人说了算，男主人比较强势，你的感觉会是什么样的呢？"

"男人吧，如果强势点，会让人感觉到威严，孩子会觉得比较有安全感。"（这是孩子们的真实感觉）

"你以为，我想控制你吗？你一定要玩手机，不去学校，锁着门不让我进你房间，不和我谈心，我怎么知道，你到底在想什么？你到底想让我们做什么？"薇儿妈妈伤心地流下眼泪。

"你应该知道妈妈想要什么，是吗？但是，你就是不去做！"我试探着问。

"是的吧！"薇儿扭捏着身体，看来妈妈的哭泣让她有点儿不安。

薇儿的妈妈又流泪了，她边哭边对女儿说："小时候把你留在家乡后，我第一年回家，就已经感觉到和你有距离了，那时，我已经知道自己做错了。可是，那时候正是爸爸妈妈在这边（广东）为事业打基础的时候，没有办法照顾到你，只能把你放在家乡让爷爷奶奶带了……"

"可妹妹一直跟着你们。"薇噘嘟着嘴巴说。

"生了妹妹以后，生意好点儿了，妈妈不是带你回来了嘛！"

"之后呢？"我问。

"她一到四年级是在外婆家住的，等我的二女儿出生后，日子好过点儿了，我就把她带回来了。回广东后我们给她找了一个寄宿制的贵族学校读完了小学，初中一年级也住校，初二就回家住了，之后就生病了。"妈妈说。

"啊？"我承认自己吃了一惊，"我怎么感觉你们不想要这个孩子呢？！她好像就没有真正在家待过！"

"是的，是的！我就是这样的感觉！"薇儿很快地附和我。

"你好像更没有和你的爸爸相处过多少时间？"我问薇儿。

"是的，比起爸爸，我和妈妈相处更多、更自然一点儿。"薇儿这样回答。

"和妈妈相处自然，是不是也有什么都不用干的原因呢？"我和她开着玩笑。

薇儿不好意思地笑笑，表示认可。

"和爸爸相处不自然，你觉得，原因是什么呢？"

"感觉到爸爸比较有陌生感吧！或者说，内心里还有点儿胆小。"

女孩子一般在这个叛逆的年纪是比较和爸爸亲近，并和妈妈"对着干"的，而薇儿只能和妈妈"亲密"，和爸爸相处不自然！这种相处的模式，就像孩子还小的时候的关系模式，莫非薇儿重新回到父母身边之后，她的潜意识要回到小时候重新成长吗？——薇儿让我想起另外一个同样是河南的女孩子小慧：当四五岁的小慧被出去打工的爸爸妈妈留在家乡的时候，她每每看着爸爸妈妈离去的身影，都会狠狠地大叫："你们再也不要回来了！"在她上学读书的时候，她一边喜欢上学，一边却又不愿去学校。在催眠治疗中，她告诉我，每次踏进学校大门，都觉得那是一座"监狱！"这座"监狱"关押着她，不让她"飞"到爸爸妈妈的身边。

那天，当我告诉薇儿的妈妈，爸爸妈妈在孩子幼小的时候把孩子寄养出去，无论是何种理由，对于孩子来说，他的认知都是"我不好，爸爸妈妈不要我了"！薇儿的妈妈流着泪向薇儿道歉，但薇儿却好似没有感觉地看着妈妈。从小离开妈妈怀抱的孩子，为了保护自己，逐渐对于自己内心的真实情感，以及对于外界的感知，容易产生一种"隔离"的应对机制。

薇儿的妈妈无奈地、伤心地说："无论如何，我都没有办法走到我这个大女儿的心里去了！"薇儿还是冷冷地看着妈妈哭泣。

"你在品尝当年离开孩子带来的后果了。十分难过，也要承担起这个结局，是吧？"

薇儿妈妈用力地点点头。

"薇儿，每个人都一样，要承担自己行为的结局，你有勇气承担不读书的结局吗？"我面对着薇儿轻轻地问。

"我想读书，也想离开爸爸妈妈现在住的那座小城市来广州这样的大城市生活。"薇儿悠悠地说，"但是，我就是懒，我就喜欢躺在床上玩手机。"薇儿悠悠地回答。

"也许，只有你躺在床上的时候，你才能感受到自己在爸爸妈妈的家里，是吗？"我小心地问。

"是的！我想待在家里。"薇儿轻轻地回答。

"以此来抵抗妈妈的控制吗？"我轻轻地在她的耳边问，看薇儿笑了，我也笑了，"你抵抗妈妈的控制，又在享受她的'服务'哦！关键是代价好大哦！"

"是的。"薇儿点点头，一副心领神会的表情。

"但是这样，你也难以成长成一个出色的大姑娘哦！"我还是在她耳边轻轻说，眼睛看着她哭泣中的母亲。

之后，我对她郑重地说："你要明白一个问题：爸爸妈妈的家，只是孩子小的时候认为的家，只是一个人的原生家庭。从一定意义上讲，你现在的家，就只是你爸爸妈妈的家。等你长大了，你就需要建立一个你自己的家。未来的家里，你是'王'或者'王后'，而这个家，爸爸是王，妈妈是王后，你再怎么样折腾，都不可能做'王'或者'王后'——这是所有动物界的规则，人也是动物。"

薇儿有点吃惊地看着我，然后慢慢地点点头。

几个月后回访时，薇儿的爸爸告诉我，薇儿已经去学校读书了，成绩还不错。

第八章

家庭里的忠诚

我想成为我自己

最终发现

我还是成了另一个你

世界上的家庭千千万万，每个家庭的组成、愿望、秩序等等大的方面基本没有区别。但是，每个家庭都有它特有的气质，所以，每个家庭都和别的家庭又不同。

不同的家庭背景走出来的孩子，都带有原生家庭特有的特征，包括这个家庭的家庭文化、习俗等，特别是这个家庭的创伤，以及由于创伤所带来的事件应对模式、家庭里的荣耀，以及那些因荣耀所产生的自尊等特质。

如果把父母祖辈给予孩子的荫庇、恩惠比作月亮，把他们寄予厚望的后辈比作太阳，所有家庭里的这些小太阳，都和他们的父辈的生命纹理相契合，就像前文中的嘉宏、小磊和他的妈妈，他们的状态是和他们的父辈到处"流浪"的生活方式相契合的。对任何人都不信任的奇俊，和他被亲生父母所"抛弃"，一个只是"看上去"与爱他的家庭相契合的。还有舒晗和我们将要看到的倩儿的状态，是和她们原生家庭里的母亲被忽略这一事实相契合的。这样的契合背后都有小太阳们对于月亮的忠诚、不离弃也难以离弃的事实。

这个事实，我们还可以从这个世界上千千万万不同民族、不同肤色的"背井离乡"的游子那里看到：无论走到哪里，人们都顽强地坚守着自己民族、国家的习俗，而带头坚守的，往往是那些属于"老大"的孩子，或者特别想得到爸爸妈妈认可的孩子……

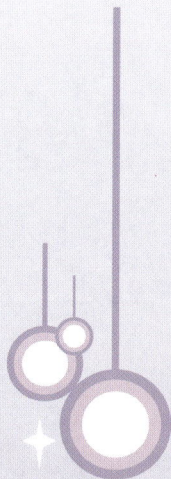

月月怎么也画不好一个圆

这天，治疗室来了一个叫作月月的女人，三十多岁了。但是，瘦瘦小小的，看着让人心疼。

那天，月月是犹犹豫豫地走进我的治疗室的。坐下来后，她看着我说："我觉得自己心理有问题，好想找个人诉说一下，可是，即使走到了心理治疗室，我还是犹犹豫豫地，我对于自己这样有点过分地犹豫很生气。但是控制不住，就像自己控制不住总要无缘无故地担心、害怕一样。"

"最近发生过什么事情吗？"

"没有其他的事情，除了我刚生了孩子，孩子一个多月大了。"

"男孩还是女孩？"

"男孩。"

"哦。那你的情况是怎么样的呢？"我带着好奇问道。

"我总是无缘无故地焦虑、害怕。几天前带着孩子去医院打预防针，我反复地想着，护士用来止血的棉签会不会有艾滋病毒，我的孩子是否会被传染？我自己胃口不好，我就反复地想，我是否得了胃癌？"

"我的大脑每天都被这些想法充斥着，心里紧张而害怕，晚上也睡不好觉。尽管丈夫和婆婆对我都很好，按理，我应该很幸福才对，可是，我就是整天担心，自己也不知道为什么。"

月月对于做沙盘游戏好像并不是很乐意，那怎样才

能迅速地了解她此刻的心理状态呢？我顺手给了她一张白纸，让她按照当时的心情，在这张纸上随便画个图形。

月月没有犹豫，随手画了一个小的不规则的圆形，画完之后，她在旁边又画一个，顿了一下，又在偏中间画了一个更不规则的圆形。

我问月月，她画的是什么呢？

她说："我想画一个圆，可是，怎么也画不圆！"

"圆，对你有什么特别的意义呢？"

她想了想说："代表着我想要完美的生活。"

"可是，这个世界上没有完美的事情，是吗？"

她回答："是的，我总觉得有些东西在阻碍我，可我就是不明白是什么。"

"是追求完美？"我继续问。

"好像不是。"她回答道。

"也许，就像你说的，你对现在的工作、家庭都很满意，但是，世界是不完美的，所以，你就有了焦虑。"我试探着笑着问她。

"也许吧。"她也笑了。

焦虑是我们每个人这一生都不可避免的情绪，它藏在我们每个人心灵的深处，月月的焦虑现在浮出来了！

在没有现实因素诱发她的焦虑的情况下，我只能从月月的原生家庭情况来看看，有什么信息能给自己一些提示。于是，月月给我提供了以下信息——

月月出生在广东一个比较重男轻女的地方，父母只生了她和妹妹两个女孩儿，家里没有强壮的劳动力，人丁稀少，自然，家庭里的力量就薄弱些。虽然因为月月的父亲是小学教师，众乡亲对他们家还是比较尊重的，但是，月月家和她的大伯同处一个屋檐下却受尽了欺侮。

月月的伯父一家都是欺软怕硬的主儿，因为月月一家的软弱，他们自然成了伯父一家宣泄情绪的对象。月月说，她的父亲和伯父是亲兄弟，在生这两个儿子之前，她的奶奶连续生了三个女儿，这让爷爷当时在村子里抬不起头。

有了月月伯父这个儿子后，月月的爷爷奶奶很宠他，结果让他养成了霸道的个性。性格温和的月月父亲从小就被哥哥欺负。

月月的伯父和父亲各自成家后，还不得不住在一起，伯父嚣张的个性有增无减，月月的父亲还是一如既往地忍受哥哥一家的霸道，连同伯母，以及堂兄也经常有恃无恐地欺负月月一家，而月月的父母的反应顶多就是在生气的时候一家人互相安慰一下。

月月的母亲上有四个哥哥、两个姐姐，在这样的家庭里，月月的妈妈从小就是个特别听哥哥姐姐的话的孩子。她嫁给月月爸爸后，和丈夫一样，不敢反抗哥嫂一家的欺负，包括邻居和村里人的欺负。但是，妈妈身上有一点是月月所佩服的，就是只要天没有塌下来，妈妈"该做什么还是做什么"。我相信，这里面既有作为母亲的勇敢和坚强，又有要活下去所必须具备的勇气。

就像我在本书的《癌症晚期的女孩》一文中记叙的老中医绮石所说："顾私己者，心肝病少；顾大体者，心肝病多。不及情者，脾肺病少，善钟情者，脾肺病多。任浮沉者，肝肾病少；矜志节者，肝肾病多。病起于七情，而五脏因之受损。"

我有理由相信，月月的伯父一家"心肝病少"，因为他们一家有不满就有个现成的发泄对象！而月月的一家就没有那么幸运了，作为一个男人，不能保护好自己的妻儿，这个男人最容易"脾肺病多"。

事实是：月月的父亲在月月读大学的时候，得了食道癌去世了。食道是消化五谷、排除废物的一个场所，从意象的意义上分析：月月的父亲不能排除内心郁结的"废物"，致使他的病情吻合了癌症发病的机理："忧郁伤肝，思虑伤脾，积想在心，所愿不得志者，致经络痞涩，聚结成核。"

古代的中医将肿瘤定义为"核"，特别留意到肿瘤和情志郁结的关系。

"当年，你们一家被别人欺负的时候，你的感觉是什么呢？"我问月月。

"害怕，担心，总是没有安全感，不知道什么时候又惹得别人不开心了。"

"还有呢？"

"有时候，我的内心会很激烈地想去打架，想去教训我的伯父一家，或者是别的人，可是，父母教我们都忍着，所以，我总是不开心。"

"我相信，你的父母可能有时候也有这样的冲动，但是，他们都让自己忍受着。"

"也许吧。"

　　"所以，其实你的内心里还有一股像男孩子一样的冲动和勇敢？"我试探着问。

　　"是的。"

　　"因此，你总是很矛盾，你身体里像男孩子那样的冲动，和你本身的软弱与矜持会经常打架？"

　　"是的。"

　　"这就是你性格中的一个矛盾之处了。"

　　"嗯……"月月陷入了沉思。

　　过了几十秒钟，我问月月："你现在再看看你画的圆，你会想到什么？"

　　"手掌？"她若有所思。

　　"手掌让你想到什么？"

　　"掌控？"

　　"你想掌控什么呢？"

　　"焦虑？我想掌控我的焦虑。"

　　"世上有谁能完全掌控自己的情绪呢？"

　　"没有！"她回答，"所以，我就不用掌控自己的焦虑了？"

　　"你说呢？"

　　我发现沉思中的月月，脸上的愁云渐渐淡去。随即，又浮现出了一缕哀伤："所以，我也控制不住我父亲的生命，是吗？"

　　"是的。"我能感受到她的难过。

　　月月的案例，让我再一次验证了精神分析的看法——

　　产后患者的抑郁，往往与新手妈妈的"父亲"有关联。

　　月月丈夫对自己孩子的爱护，触痛了月月所遭受的那些与父亲有关的伤痛。

　　我们来到这个世界之后，有多少人主动或被动地活得那么匆匆忙忙，来不及停下脚步清理一下自己，给自己的身心一个调整的机会。特别是那些曾经遭遇的伤口在匆匆愈合之后，还留有多少脓包或毒素。那些脓包和毒素即使没有滋扰你的日常生活，但是，它也始终存在，一旦被碰撞，脓就会流出来，毒素就会再次扩散，痛苦就会再次爆发。

　　我们必须承认：苦，就是人生的一部分；痛，也是人生的一部分。

奇怪的一家三口

有对老夫妻，两人都八十多岁了，经常带着他们四十多岁的女儿阿茵出现在我们医院门诊的不同诊室前。阿茵是因为有幻听而来治疗的，多年来，一直未治好。一天，在医生的建议下，老两口带阿茵来做针灸治疗，我才认识了他们。

阿茵的幻听情况是：总是听到楼上有个老男人的声音和那个老男人搬东西的声音，几乎所有对症的精神科药物都治疗无效。

在做针灸治疗的时候，我建议老两口在门外等候。

老两口在我的一再劝说下，才肯离开女儿坐在诊室外。即使坐在诊室外，他们也时不时地透过窗口往里张望，似乎只有亲眼看见女儿才能放心。

精神科的患者往往生病时间长，治疗不是一朝一夕就能见效的，针灸治疗也需要一个过程。一般患者在刚开始接受针灸的时候，常常是需要家属陪同来的。不过，这些能做针灸治疗的患者，往往也是病情基本稳定的。

就像阿茵，除了幻听、没有自知力（不知道自己的症状是疾病引起的），其他待人接物没有大的问题。当然，因为病情较重已经明显影响到患者的社会功能者除外。

为了很好地锻炼患者适应社会的能力，我们一般在患者做过几次针灸治疗后，就会建议一些患者自行前来治疗。但是，阿茵的父母像很多长期生病的患者的父母一样，并不放心女儿一个人来治疗。每次都是他们带着阿茵来。四十多岁的阿茵唯唯诺诺地跟在两个老人后面，就像个八岁的孩子。而两个八十多岁的老人带着四十多岁的女儿一起走的画面，不知为什么，总感觉很和谐，尽管知道真相的人会感觉很难过。

出于对这一家三口的好奇，我主动询问他们，是否可以做做心理治疗，看这种方法能否对他们的女儿的病情有好处？

老两口犹豫再三，想到用其他治疗方法这么久了，病情也没有好转，就决定试试。于是，在一个晴朗的下午，我们相约在心理治疗室中。

阿茵父亲回忆起自己的成长经历。他的母亲年轻时生了不少孩子，活下来的只有四五个，他是家中的老大，所以，自然而然地，在成长的过程中承担了照顾弟妹的责任。阿茵的母亲也是家中的老大，她有七兄妹，基本上都是在她的照顾下长大的。

阿茵的父母生下阿茵的哥哥和阿茵之后，两个人的感情生活还是比较好的，但是，没想到，遭遇了我国六十年代的一次政治运动，阿茵的父亲被迫离家很多年。

其间，他很少回家见自己的妻儿，饱受思念之苦。当阿茵的父亲再次回到妻儿身边的时候，他感觉到自己和儿子有了隔阂，而幼小的女儿却和父亲十分亲密。

阿茵的父亲说，这可能和自己被劳教期间，阿茵的哥哥小小年纪就承担了一个家庭的男人的责任有关。同时，也可能和妹妹年纪小、十分乖巧，他们都特别疼爱这个女儿有关。因为阿茵的乖巧，在父亲不在家时，妈妈一直和阿茵形影不离。因为阿茵的乖巧，父亲回家后把自己亏欠儿女的，都关注在这个女儿身上。而阿茵的哥哥始终和父母的关系难以融洽，于是早早地成家立业，离开了这个家庭。

阿茵是个内向的女孩，上初中时，因为不会和同学相处，十分地自卑，之后精神疾病发作了，被诊断为精神分裂症，从此便一发不可收拾。几十年来，病情反反复复，始终不能痊愈，爸爸妈妈全身心地照顾着她，坚持带她看病。因此，他们成了我们医院和其他综合医院精神科的常客。

这么多年来，阿茵也试图找工作。但是，一旦工作需要和别人打交道，她就退缩，最后自己也没有了信心，干脆就天天吃药、看病，期待以后病好了再找工作。结果，一晃几十年过去了。其间，她除了看病、吃药、跑医院，没有其他的事情可做。

说到阿茵的未来，阿茵的妈妈又伤心又气愤。她和老伴为了在他们"百年"之后，儿子能担负起照顾阿茵的责任，他们特意拿出自己的部分积蓄，在同一个小区为儿子支付首付买了房。可是，当他们向儿媳要新房的钥匙，想在新房里给阿茵布置个房间的时候，却遭到了儿媳妇的强烈反对。此事令阿茵和父母既失望、伤心，又气愤不已。

回想起那次心理治疗，可说是我众多心理治疗中最失败的一次。

我分析说，阿茵的父母因为历史和自身的原因，而过于疼爱自己的女儿，以至于女儿没有独立的人格，不能和别人和谐相处之后，最终也站在儿媳一边，不再把阿茵托付给儿子和儿媳，而是希望阿茵能外出工作，独立生活，和父母保持一定的距离，特别是先脱离父母自己单独来治疗——这可是阿茵父母的死穴，他们已经习惯了三个人相处！阿茵也已习惯了做那个"巨婴"！

不经意间，我就做起了精神科的医生，对她说教起来了。自然，阿茵从此再也没有来找我做心理治疗了。

阿茵的父亲说，他小时候受了很多苦，父母没有好好照顾他。他在下乡的时候，也没有好好照顾自己的两个孩子。所以，他总是想尽力地补偿孩子。

儿子不愿和自己亲近，好在女儿乖巧，他可以好好地照顾她，女儿现在病了，自己更要精心照顾了，还要安排好她后半生的生活。

阿茵的母亲说，她小时候也受了很多苦，现在有了乖巧的阿茵，她病了，她要好好地照顾她，他们不能承受万一哪一天阿茵走失了，或者出现别的问题……

从小乖巧的阿茵，就这样达成了父母想照顾孩子的心愿！

从另一个角度来看，阿茵的父母把阿茵看成了他们小时候的自己来照料！阿茵做了父母渴望的乖巧的孩子，来填塞他们内心永远填不满的情结深渊。

阿茵在潜意识中知道，她已经这么大了，应该有一个属于自己的男人陪伴她度过余生了。但是，现实难以达成这个愿望。于是，一个"老年男人"出现在她幻想的世界里。

就像心理学家们所认为的——精神疾病患者出现幻觉是病理性的，但是，幻觉的内容却是有一定的心理学意义。

很遗憾，我没有和阿茵以及她的父母再继续接触的机会了。

　　心理医生和机械工程师一样，都有个成长的过程。不同的是，做机械工程师出现错误，还有修改的机会，而做"修理"人的工程师，有时候，你的付出可能就是没有效果，或者还有可能造成难以挽回的错误。

　　我做心理医生，也曾经历过失败的咨询带给自己心底的愧疚和折磨。也曾在治疗的过程中，触及自己内在的创伤而崩溃。也曾满腔热情地准备好治疗方案时，却被患者屡屡"放鸽子"。也曾因治疗中患者的病情出现反复或加重而被怀疑过。尽管如此，我一直在不断地学习和成长，像所有的内科或者外科医生一样。

　　任何心理医生都不能保证，自己能够和所有来访者建立良好的咨访关系！我也不能保证，每一位来访者都能在我的陪伴下获得开启新的人生的机会。但是，我会义无反顾地努力前行，带着那个十分和谐的一家三口的画面所给予我的遗憾，以及对自己能力有限的内疚。

莲儿家的故事

断了翅膀的蝴蝶

　　莲儿十六岁时一个人去加拿大读书，寄宿在很早之前就移民了的远房亲戚家。用莲儿的话说："他们以前是中国人，现在定居在国外，已经不认为自己是中国人了，他们看不起中国人。"在这样的生活环境中，我们能想象得到莲儿一个人在国外承受的不愉快。

　　十几年前去了加拿大的莲儿，在英语考试中发挥失利，学业连降三级，以至于她从此开始了漫长的、在每个就读的班级里都是"大姐姐"的生涯。因此，她能接触到的志同道合的同龄男孩子很少。但是，这样也有一个好处，那就是她终于成为一个文静的、很少有情感波澜的女孩儿。她很像她的妈妈，她的妈妈也是一个文静的女人，走路轻缓如行云流水般。

　　前来见我时，莲儿精神状况很糟糕，抑郁症和躁狂症反复发作了一年有余，现在休学在家。诱发莲儿抑郁症的是她的本科课题的问题：她的导师给了她一个研究项目，而那个项目是她两个师兄、师姐曾经研究过，后来宣告失败的课题，她觉得压力巨大！如果不能顺利完成课题，她就不能正常毕业。

首次见面，我和她简单地分析了关于这个课题的事情。

第一，在导师的眼里，如果莲儿没有一定的实力，导师不会把几个学生都没有完成的事情交给她去做。

第二，莲儿如果为了顺利毕业，觉得这个课题实在有困难，可以直接和导师商量，不做这个课题，导师应该不会勉强学生做完成不了的事情。

第三，莲儿可以寻求导师或师兄、师姐的帮助，或者自己努力去发掘其他的课题。

经过分析之后，莲儿的心情好了一些。但是我知道，那绝对不是引起莲儿抑郁或者躁狂的根本原因。

在第二次治疗过程中，莲儿告诉了我一些她的成长经历后，我观察她对沙架上的沙具有兴趣，于是，我建议莲儿做沙盘游戏治疗，于是我们看到了下面这幅沙图：

来访者方向

在这幅画里，莲儿首先放的是一个表面画有一个绿苹果的杯子，一只断了翅膀的蝴蝶落在上面。后来，她给这只蝴蝶旁边又添加了一只蝴蝶，说是这只断了翅膀蝴蝶的伴侣，断了翅膀的蝴蝶是很难生活下去的，"让人怜悯"。有了另一只蝴蝶的帮助，它就能生活下去了。

同样，她给坐在茶桌旁边纳鞋底的老奶奶旁边添加了一个老头、画面靠上的穿黄绿色长裙的公主旁边添加了男人、孩子和狗，他们是公主的伴儿，"一家三口自然是有伴的"；树也是一对的，美人鱼可以在树荫下乘凉；船可以四处游走。右侧的沙漏表示时间，"现在倒下了，表示时间是可控的……"

莲儿反复重复着"伴儿"这个词儿，让我好奇。她向我叙述了这么多年的学习经历，同时也感叹，自己二十六岁了，还没有结交过男朋友，原因是"爸爸妈妈让我完成了学业再结交男孩子"。莲儿还告诉我，这么多年来，她只暗恋过一个男孩子，在她的眼里，"他就像个王子"。

"王子是配公主的！"我边看着她，边指着沙画中的美人鱼说。

"哦。"莲儿若有所思。

"在这幅画里，左侧的美人鱼带有神话色彩，而右侧呢？"我问。

"很现实。"莲儿回答。

"那现实和神话共处，会怎么样呢？"我追问道。

"分不清是想象还是现实！或者是……我太高傲了？"莲儿犹豫着，边想边说。

我们都沉默了一会儿，之后我说："如果你的内心是个公主，那你的眼睛会看到现实里那些普通的男孩子吗？也许，你还没有碰到内心里和你合拍的男孩子？"

"他要高贵得像个王子！"

"容易找到吗？"

"难！"莲儿笑笑。

时机到了，我把莲儿的注意力引到沙盘的画面中，以隐喻的方式做了一个治疗。"如果他们都是活的，美人鱼会说什么话呢？"我问。

"她会说，大家一起来玩吧！"莲儿很快进入了角色。

"蝴蝶会说什么？"我继续问道。

"这是一只断了翅膀的蝴蝶，"莲儿指着杯子上的那只蝴蝶说，"它和我一样想不通，被撞断了翅膀，自己伤害了自己。"

"你是怎么伤害自己的呢？"我轻轻地问。

"我对自己要求太高了，毕业课题是，找男朋友也是。"

"那你有什么话对蝴蝶说吗？"我问。

莲儿毫不迟疑地对断了翅膀的蝴蝶说："接受现实吧！受伤就受伤了，现在有个伴儿就好！你自己最重要！生命最重要！好好吃苹果！"她指着杯子上画着的苹果。

"对于你来说，你的苹果是什么呢？"

"知识，是我所学习到的知识。"

接着，在沙画的其他地方，我看到了"狗"。狗往往代表着纪律、道德等对人的约束。

我让莲儿想象狗会对她"说"什么。莲儿想了想说："希望你更接地气点，不要过高要求自己，不要总是在意别人的看法和目光，不要要求太高，只要是合适的男孩子就可以了。"

莲儿的家庭背景

在接下来的治疗中，莲儿又做了一次沙盘游戏：在小天使、小和尚的祷告下，在两个小矮人的注视下，公主和王子在亲吻，公鸡和母鸡在聊天，孩子和爷爷在屋前休息，鸳鸯在水中嬉戏。当然，还有那个提醒着时间流逝的沙漏……

这次的沙盘游戏，莲儿又制造了一个神话与现实、想象与当下冲突的场景。想起上次的话题，我问莲儿，对于"性"有什么看法。莲儿告诉我，《圣经》里面告诉人们，不能有婚前性行为、不能有"自慰"……

我原本以为莲儿已经离开家乡十多年了，离开父母那么久，也已经接受了那么久外国文化的熏陶，也许她的父母对她的影响并不像别人那么严重吧！可现在，我承认我有点主观了。结合上次莲儿告诉我，她的父母要求她求学期间不要谈恋爱，以及莲儿对于基督教教义的认可，我觉得，有必要见一下她的父母。

莲儿的第一次家庭治疗

我们先看看，莲儿和她的母亲画的曼陀罗画里面所呈现的他们心中的父母关系图吧。

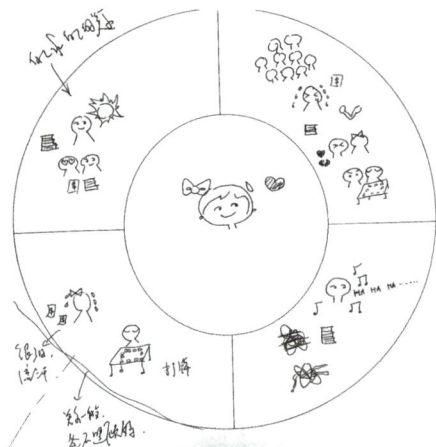

莲儿的曼陀罗画，
左下是父母关系图

莲儿妈妈的曼陀罗画，
左下是她的父母关系图

莲儿描述了她眼中的父母关系，她说，爸爸妈妈几乎没有交集。比如，妈妈在一旁流汗、流泪，而爸爸在一旁悠闲地打着麻将。

在莲儿妈妈的曼陀罗画里面，莲儿妈妈的爸爸在一旁弹着琴，而妈妈在一旁写着日记，两个人也没有交集。

莲儿妈妈说，她妈妈（也就是莲儿的外婆）的家庭曾经是个非常富有的家庭，在莲儿的外婆刚出生之后，外婆的妈妈因为自己的家庭成分不好（地主），为了避免女儿也就是莲儿的外婆受到影响，一出生就把她送到一个"贫农"的家庭寄养，一直到长大成人。

莲儿外婆还有一个妹妹，长得漂亮又能歌善舞，在二十多岁的时候有一次患了重感冒，本应送到大医院治疗，但是，因为家庭成分问题，单位不予批准，一定要留她在自己所在的小医院就诊，结果因为就诊的那家小医院的医疗水平有限，耽误了治疗而去世了。去世后，他们家人也不敢说什么，默默地埋了那个花季凋谢的女孩。

莲儿的外婆当时是一名中学教师，不知从什么时候开始，也许是失去妹妹之后，每次回家都啰啰唆唆，稍有不如意，就狠狠地骂她的大女儿和儿子。她还养成了一个习惯，就是每天回到家不是看书就是写日记。她的日记基本上都是流水账式的文字：每天做了什么事情，买了什么菜，用了多少钱。几十年如一日，日记本堆了厚厚的一沓。而在学校，妈妈却是出了名的"教师标兵"。

当时,莲儿妈妈在叙述这些的时候,我只是好奇,没有特别的感受。此刻,我突然感受到了那个一出生就被送人寄养的、离开母亲的孩子,那个长大后又痛失自己的亲妹妹而不能表达的女人,是何等的压抑和煎熬!

写日记或者一心扑在工作上,可能就是她宣泄压抑的途径。谁也不知道,她每天都写着的"流水账",是否在和她的妹妹述说着生活的点点滴滴!上天还是眷顾莲儿妈妈的母亲的,"补偿"给了她一个乐观的丈夫:莲儿的外公。莲儿外公是一个剧团的团长,永远都是笑眯眯的,会弹奏好几种乐器。对于自己妻子的啰啰唆唆,他从来都不以为然,欣然接受……

"你能大概评价一下你的父亲和母亲吗?"我问莲儿的妈妈。

"我的父亲精神世界非常丰富,乐观随和,而我的母亲却生活在现实世界里,压抑、沉重。"莲儿妈妈边思考边回答。

"你怎么解释你女儿画出的你们夫妻关系的图呢?"我们一起看着莲儿的曼陀罗画。

"我和丈夫当年一起到广州打工,把莲儿放在老家,让我父母照顾,当时莲儿两岁,三年后我们才团聚。我的丈夫开始是一名公务员,几十年来都不思上进,不谋官、不谋财,我感觉到生活的压力越来越大,于是就开始做生意。之后,我们的生活水平慢慢地好起来了。我是一个追求完美的人,我希望有完美的家庭、好的事业、真诚的朋友,我也追求生活的品质。而我的丈夫总是得过且过,十分逍遥。他也经常约同事、朋友打麻将,过得十分随意。"

"在你的叙述中,我看到你的父母和你们夫妻有一些相同的地方。"我试探着说。

就在莲儿妈妈愕然间,莲儿插话了:"是的,是的。我爸爸也和我外公一样,生活在浪漫世界里。而外婆和妈妈一样,结结实实地生活在现实世界里,都过得很辛苦。"

莲儿的爸爸在一旁有点儿不好意思,他接着说:"我是觉得生活差不多就可以了,快乐最重要。"

我叹息了一声,想把这些理一理:"莲儿作为你们家唯一的一个孩子,她具备了妈妈、外婆要求完美的特质:读书一定要成绩好,做课题一定要成功，做女孩一定要矜持，穿衣服一定要搭配好（这是我观察到的，因为莲儿妈妈和莲儿每次来穿的衣服都搭配得很好看，一看就是用了心）。同时，她亦具备父亲、外公渴望逍遥的那部分。所以，她不断地逃避毕业论文和放弃学业。同时，她也在努力学习、积极减肥，和整天待在家里上网睡觉这些矛盾的选择中游来荡去，自己总是和自己打架。"

"是的，是的，我是这样的。"莲儿着急地说。

"你说说？"我对着莲儿说道。

"我经常什么事儿都不停地想啊想的，可怎么都想不出一个结果来，"莲儿说道，"我有时候很恨自己没有毅力、害怕困难和付出，只想享受生活，但心里有时候却又斗志满满，这让我很苦恼，所以，自己都讨厌自己，也只有抑郁了，这样，啥也不用做了。"

"狂躁的时候呢？"我问。

"我就彻底地解放了啊！狂躁的时候，什么都是美好的，无拘无束，不用担心任何事情。"她回答道。

"结果就是要吃药！"我跟她开玩笑。

"是的，自讨苦吃。"莲儿不好意思地笑了，"我现在知道了，我必须做出选择，要么努力学习、排除万难；要么放弃追求，不要那个自己都不喜欢的专业文凭，另外开辟自己的谋生之路……"

我挺喜欢这个有灵性、非常聪明、领悟能力极强的女孩儿。

莲儿内在"完美"的那部分在沙画中的投射：美人鱼（来访者方向）

莲儿的爸爸

第二、三次治疗，都是莲儿妈妈陪着莲儿来的。在第四次治疗的时候，莲儿的爸爸也来了，带着他的曼陀罗画。

在莲儿爸爸的画里面，父母关系里是一串小人儿，莲儿爸爸说："在我原来的家庭里，起先是爸爸妈妈带着我们三个孩子，养育着我们；之后是我们三个孩子长大了，开始赡养我们的父母。"在亲密关系的图画里，莲儿的爸爸画了夫妻两个人，中间夹着一个小孩子，那是他们一家三口。

莲儿的爸爸说，他们夫妻离不开孩子，没了孩子，两个人就不知道该怎么办了。在亲子关系里，他画的仍然是一家三口，孩子在他们的中间……

"不管是亲密关系还是你的父母关系，无论是您原来的家和现在的家庭里，画中都投射出这两个家庭的父母离不开孩子的特点。"我试探着说。

这说明，莲儿爸爸的心智还没有成熟呢（孩子状态）？还是莲儿爸爸有超强的"超我"，即管理自己的能力呢？

"是的"，莲儿的爸爸沉思着看着自己的画，"我觉得，我们夫妻已经没有什么共同的语言了。这么多年来，她彻底变了，变成了一个十分看重金钱的人。"

"不是的，那是你错了，我很看重你，只是我得不到你的关心。你总是和你的那些朋友打牌、玩，我很失望，没有办法，才自己坚强起来的。"

莲儿的妈妈嘟囔着，我听到了她的辩解，而莲儿的爸爸只斜对着我，对妻子的辩解不做任何的回应，他好像心理上还有解不开的结，十分强硬地拒绝着自己的妻子。

"在爸爸的画里，我还看到了莲儿，在你们的眼里，她还是那个五六岁的孩子。如果是这样，你们会不会把她当一个小孩子来照顾？"

"会的。"莲儿的妈妈小声地说，我想，她是在评估自己平时的行为，才会这样回答。

"你认为呢？"我问莲儿。

"我知道，爸妈一直把我当小孩子宠着。"莲儿插话道。

"作为爸妈的孩子，从小因为爱父母，所以很容易迎合父母的需求。"

"爸妈之间不一定很亲密的。但是，他们的孩子却是父母亲生的。所以，在内心里，最看重父母关系的往往是他们共同的孩子。"

"是的，是的。"莲儿插话说，"我只要做父母的好孩子，就个个喜欢，相安无事。"

"你觉得，你父母的关系，问题出在哪里呢？"我把问题交给莲儿。

"妈妈很辛苦，而爸爸则不照顾妈妈，不养家。"莲儿看着爸爸说。

我看向莲儿爸爸，他有点儿尴尬，但还是为自己辩解："妈妈赚的钱已经够多了，不用我支付。妈妈也根本看不上我那点工资啊！（在本书已经定稿之后的一次治疗中，莲儿的爸爸才说出了她对妻子不够关心的一个最主要的原因）"

"不是这样的，我希望你养家，可是，你不管。"

莲儿妈妈转向我："当年我生孩子的时候，我们是两地分居的，他很贪玩，自己赚的钱自己一个人花，好多年不给我生活费，我一个人一个月就三十六元的工资，要养育孩子，还要请保姆带孩子，日子很艰难。当我们团聚之后，他仍然不为家里的生活条件着想，只顾自己开心，为了改善家里的条件，我不得不辞职做生意赚钱……"

"在妻子的叙述里，好像你并不是一个很负责任的丈夫和父亲。"我转问莲儿的爸爸。

"是的，但那是在以前。现在，我已经意识到自己的过错了，正在改变。"莲儿的爸爸虽然这样说，但还是有点儿底气不足。

"嗯。莲儿马上要毕业了，课题完成后就意味着，她必须要走向社会了。如果父亲在孩子成长的过程中，将在社会上竞争的勇气、渴望走向社会和他人连接的勇气扎根在孩子的心里，这个孩子就能顺利地抬起迈向社会的脚步。"

"在我们结婚之前，他还是很好的。对我也好，到了我家里也帮忙做事，我妈妈很喜欢。可是，结婚之后，就完全不一样了。"莲儿的妈妈埋怨道。

"因为结婚之后，你在发现他不承担责任时，没有坚持要他承担，就像现在，你一边不断地埋怨，一边做了所有的家务，还自己赚钱养家糊口。对于爸爸来说：接受你的啰唆、埋怨和辛苦地养家糊口，哪个选择更容易呢？！"

莲儿妈妈也应该为自己的行为负责任，而不应该只是埋怨丈夫的失责。她的埋怨和指责，无疑也是一种对丈夫自信的打击，心理学上称之为女人对男人的"阉割"——阉割的是男人作为雄性动物的骄傲和自尊。

空气凝滞了……

"而现实中,夫妻两个的互动结果,往往是最后把各自互动成自己的异性父母,是这样吗?"我问。

"是的。我的爸爸像我的外公,逍遥自在;我的妈妈像我的奶奶,聪明能干。"莲儿评价道。

"是的,莲儿妈和我妈妈一样坚强、能干。"莲儿爸爸说。

"所以,只有你的妻子像你的母亲一样,你才有安全感?所有的母亲都不会背叛自己的儿子的!"

"也许吧!"莲儿爸爸犹豫着说。

"能说说你的母亲是怎么样的一个人吗?"我问莲儿的爸爸。

接着,莲儿爸爸给我讲述了他的家庭情况:"我的爷爷是在中华人民共和国后被处决的。"莲儿的爸爸一开口就讲了这一句让我震惊的话。说起自己的家史,先提起这件事情,可见,这件事情一定对莲儿的爸爸有着深远的影响。

"我的爷爷在新中国成立前曾是个司令官,他是个有文化的人。新中国成立后因为政治原因而被枪决了。我清楚地记得,我的父亲因此一蹶不振,加之爷爷的事情对于父亲工作的影响,现在回过头来看,我父亲当时应该是得了抑郁症了,他在很长的一段时间里萎靡不振,常常一整天不吃饭、不说话,没法工作赚钱养家。那时我还小,也正是国家经济困难的时候,实在是食不果腹。我妈妈和我那个还没有出嫁的姑姑,带着我和我的大弟,以及肚子里还没有出生的小弟,拉着一个上面装有我们家全部家当和我的那个抑郁到无精打采的爸爸的板车,不记得走了几天几夜,我们才终于到了我妈妈的家乡——江西的一个偏僻的乡下。"

"你知道什么叫无家可归吗?你知道什么叫举目无亲吗?"莲儿爸看着我,痛苦地用双手捧着他的头,"那时候,爸爸就像一个木偶,活在他自己的世界里,我们也不知道那是精神疾病,以为是他心里的痛苦造成的,所以,就这样任由他无精打采了几年时间。在妈妈的家乡,因为爷爷的事情,我们也受到了影响,尽管我在学校读书成绩很好,但是,还是会被老师和学生孤立,我真真实实经历了一个完全没有朋友的童年时期……"

空气中充斥着压抑的气氛,莲儿爸爸顿了顿,调整了一下状态,很自豪地继续说道："好在有我妈妈，她告诉我们，一定要努力做人，一定要努力活得好。所以，无论别人怎么对我，我都安安静静，做好自己。"说完这些话，他长长地舒了一口气。

没有了爷爷，父亲不能承担做父亲的责任，对于家中的长子来说，是个十分孤单的经历，而且成长中没有小朋友的陪伴……我理解他的感受，"也许，你的父亲也是个聪明过人的人，他的抑郁并不是一件特别坏的事情？"——"正能量在哪里？"我一边问莲儿的爸爸，一边问自己。

"是的。"莲儿爸爸说，"也许正是他的生病和消极，保护了他。"

"你也有这样的经历吗？"我问。

"有。也许这么多年的消极，避免了很多我和太太间的冲突吧？！"莲儿爸爸看一眼莲儿的妈妈，"她爱赚钱、爱辛苦，我不理睬她，我们就不冲突了。"

"除了这些，回过头来再看你年少时候的经历，你觉得，对你之后的人生还有什么样的影响呢？"

莲儿爸爸低头思考了一会儿说："年少时的自卑影响了我的一生。因为自卑，从小我就不善于结交朋友，感受到过多的孤单。所以，参加工作之后，我把和同事交往看得很重要。我很渴望来自外在的认同和友谊。现在，我知道了，这和我的童年有关系。我不愿意主动去承担家庭中的责任，这可能是因为我从心里觉得，我的妻子和我的母亲一样，可以支撑起这个家。我的母亲当年对我的父亲也有很多埋怨，但她确实也撑起了那个家。"

"也就是说，你一直活在你的原生家庭？"

"好像是的。"

莲儿母亲再次插话："可我不是你的母亲，我渴望你承担这个家的责任！"

"你做生意之后那么看重金钱，不是以前的那个你了。"莲儿爸爸低声埋怨着。

"妻子赚的钱比你的多了，一心做生意，你的感觉是什么？"

"这个家不需要我的工资是可以的。"莲儿父亲赌气似的说。

"我们很需要你。"莲儿妈妈还是低声说着，还是那么底气不足。

也许，他们之间还有更多的一些误会需要澄清（后来的治疗证明，我当时的感觉是对的）。

"再回过头来，你是怎样看待当年你爷爷的事情呢？"我问莲儿父亲。

作为家中的长孙，也许他需要处理他和爷爷的关系。对一个人来说，爷爷辈往往代表着这个家族的灵魂。无论莲儿爸爸的爷爷有什么样的人生结局，"我爷爷是个文化人"，莲儿爸爸这样评论他的爷爷的时候，爷爷的形象已经扎根在他这个后辈的灵魂里面了。所以，祖辈们的一些特质，往往会以它特定的方式向他们的后辈传递。同样的，祖辈们的苦难也会在后辈们的灵魂里留下烙印，这就是家庭灵魂的传承！

"我也思考过这个问题，今天，当我这样想的时候，我觉得我开始原谅我的童年所遭受的苦难了，我觉得，我也开始了解我的家庭因为我的爷爷而遭受的磨难了……"

"这样说，你原谅你童年所受的苦难了？"我问。

"是的，现在我开始对一些事情理解了。也许之前是因为我不能原谅过去，所以，就活在了过去。"他自语。

我想，在场的每个人的内心都不是滋味……

过了会儿，我打破沉默："在那个艰难的年代，你刚才说，是你妈妈的坚强，让你顺利地度过了煎熬。我们再看看，你们刚结婚的时候，仍然是艰难岁月，你的妻子是怎么度过的呢？"我把话题引到当下。

"他不管家，我就像他妈妈一样支撑这个家。"莲儿的妈妈说，看来，她已经有所醒悟，"我感觉自己慢慢就成了他的妈妈、这个家的妈妈！"

"有些人，受到创伤后可能就会在潜意识里制造当年的创伤情景，内心里期待重走过去的路，让自己能为过去的自己找到走出当时困境的出口，继而心灵能得到解脱。"

"可我不是她的妈妈，我让他失望了吗？"莲儿妈妈也开始了思考，"我也一直在努力地让他成为我希望的样子，我没有达到！"

"他不是已经成为像你爸爸那样逍遥的人了吗？"我问她。

"哦。"莲儿妈妈醒悟了，"就是说，莲儿爸爸这样，我也有责任了？"

"你们这对夫妻可真是天造地设的一对啊！最后各自都成了彼此的异性父母啊！"

我看到了莲儿瞬间无奈而释然地摇了摇头。相信在未来的日子里，她会走出父母之间的恩恩怨怨。

我的生病应该是叛逆吧

又是一个见面日,爸爸因为值班没有过来,还是妈妈陪着莲儿来做治疗。莲儿说她要单独见我,让妈妈在外边等候。

坐下来的莲儿比以前自在很多,这让我内心欣慰,也表明了我们之间已经建立了一定的信任关系。

"我前几天和爸爸吵了一架,"坐下来她没有犹豫就开口了,"家里请了保姆来照顾爷爷、奶奶和我们,可是爸爸不交生活费,说他没钱,妈妈有钱。爸爸还要和妈妈离婚,说离婚后妈妈会分给他钱,这样他就有钱了。"莲儿慢条斯理地说着,但是,我感觉到了她内心的酸楚和愤怒。

"你好像在打抱不平?"我看着莲儿说。

"是的,爸爸一直都这样,妈妈会很辛苦。"莲儿不满地说。

"但是,好像是爸爸要求离婚的,而不是妈妈哦!"我瞪大眼睛看着她,希望她明白。

如此看来,莲儿的爸爸和妈妈在跳舞,跳着一种特别的、蹩脚的、一上一下不和谐的舞蹈,这种舞蹈两个人跳得很不舒服。可是,却跳得不亦乐乎。我用手比画着,让莲儿看看她父母的互动,并且,两个人如此不和谐的主要原因在于爸爸,但却是那个不负责任的爸爸要求离婚,而不是那个十分尽责的妈妈要求离婚。那么,他们可能离婚吗?

"应该不会离婚。"莲儿笑了。

"那么,你的忧虑说明了什么?"我笑着问。

"我多管闲事呗!"莲儿明显地轻松很多,"这么多年,我是管了他们太多的事情!我一直告诉爸爸,要怎么样做才是好丈夫、好父亲。"

"你也加入了他们的舞蹈?!"我看着她。

"是的,很多余。"莲儿自嘲式地笑笑。

"平日里和父母相处,你觉得大家都有些什么样的愿望呢?"我问。

"爸爸可能从小受了太多的苦,受了很多的欺负,他一直希望别人尊重他,喜欢他;妈妈很爱面子,她想有一个幸福的家,给别人看,她也想爸爸多照顾她。我呢，希望爸爸妈妈能幸福恩爱。"莲儿思索着。

"你和妈妈给了爸爸他想要的吗？"

"没有。"

"你们都不给爸爸想要的，爸爸为何要给你和妈妈想要的呢？反过来想，也是一样。"

"那是！我和妈妈强迫爸爸，所以，他要反抗了！"莲儿沉思着，"这么多年来，我们每个人都在固执地追求着。爸爸总活在他的痛苦里，只想着他自己的事情；妈妈总是埋怨着爸爸，想着自己的要求；我因为爸爸妈妈的宠爱，也固执地要求爸爸按我的要求去做。结果，我们都没有考虑过给予别人想要的。包括这次我生病，我只考虑到完成课题的困难，没有想着去问问导师的要求和爸爸妈妈的希望。"

"那你对这次自己发病的原因有什么想法呢？"

"我想，我从来不会明确地对别人说'不'这个字，也许，这次生病就是我的'叛逆'吧！"

"你的叛逆？"我表现出好奇。

工作多年来我注意到了一个问题：有的青春期的孩子突发精神疾病，只是一种"阴阴"的"叛逆"！迫于周围环境的原因，很多孩子到了叛逆期的时候，不能按照自己的意愿做自己喜欢的事情，或者成为自己想成为的人，因而很压抑。于是，他会通过躯体生病，或者精神出现不正常以逃避现实，并在精神上"攻击"父母，最终他们获得的是因为父母、老师、亲人等等大家对他的关注和迁就。

莲儿边思考边说："我生病了，导师就注意到我了，可能会反省他交给我的课题太难了，我可能做不了。以前做学生的我们有事很难找到导师，即使找到他，他也总是说很忙。现在，我想他应该不会那样对我了。带我的博士师兄也慌了，也可能会意识到以后要多关注这个师妹了。我的父母现在也关注我了，生病后我觉得，我的地位提高了……"莲儿开始的时候是嘟囔着嘴巴说的，说着说着竟然"没心没肺"地笑了。

"这是这次生病带给你的好处吗？"我问她。

"是的。不过，也有不好的啊：我开始吃药了，很快肥胖了起来，其实，也等于自己惩罚自己了。"她回答说。

"哦？"

"我也惩罚了我的老师，惩罚了我的师兄，惩罚了我的父母。平时，我只是个乖乖女，是不会反对任何人的意见的。只有在生病的时候，我才会这样让大家都不得安分。其实，最终我还是惩罚了自己。"她的情绪又有点儿低落了。

"是否可以说，这次的生病，是你面对困难的一次不成熟地应对呢？"

"是的。那怎么才算成熟的应对呢？"莲儿满眼渴望地望着我。

"你的抑郁好像似曾相识啊！"我突然意识到一个问题。

"是啊！我和爷爷当年的抑郁一样哦！就像爸爸所说：爷爷因为抑郁，而减少了很多可能带来的苦难哦！也让他不再面对困难，保护了自己哦！"（据说，他因为精神有问题，而减少了很多被批斗的机会）

"也许，你若能想象，假如爷爷生活在今天这个社会，他应该怎么做。那么，你就会知道自己该如何做了。"

"嗯！"莲儿带着作业离开了治疗室……

要为自己的人生负责

莲儿的第二次个人治疗，在此简单地做一叙述。莲儿认为，爷爷当年在抑郁时的选择，其实是一种消极的选择，但也许在那个时候是最好的选择。那个看起来消极的选择，带着巨大的冒险成分。因为一旦没有人买账，即有人觉得他不是精神病人，或认为他是精神病人，但和对待正常人一样对待他，他在那种状态下，没有任何还击的力量，有可能失败得"很彻底"。

同样，这种冒险，也在莲儿的身上发生了，她有可能终身服药，而且戴着一顶精神病患者的帽子，终生都会受其影响。莲儿在治疗结束的时候表示，她决心弃掉这个冒险，进入到另一个勇敢面对、积极解决问题的"冒险"状态，她相信，爷爷若处在现在这个年代，也会做这样的选择的。

以下的沙画，是莲儿第三次做个人治疗时，完成的一次沙盘游戏治疗中呈现的沙画。

来访者方向

治疗师方向

　　莲儿首先拿了一块"中山石"，上面刻着"天下为公"四个字。之后，她在这块石头旁放了"唱歌的小鸟""给人安全感的屋子""象征爱情的玫瑰""一家三口的正常家庭生活"，还有象征美好的"花朵和蝴蝶"，以及象征自然的"大树"，代表着有家就可以舒服地"躺在屋前休息的孩子"。

　　莲儿指着"天下为公"四个字说："我总是觉得这个世界不安全。"她指着右侧的"一堆"沙具（这"一堆"，让我感受到她思维、情感的胶着和不够开阔的状态）说："虽然这个世界多种多样，有很多美好的东西；但是，我一直觉得没有安全感，觉得有很多不公平的事情，或者说是坏的事情发生。所以，我的内心有强烈的要求公平的感觉。"

　　"这和你这次的毕业课题有关吗？"

　　"没有。"莲儿肯定地回答。

　　"你觉得，什么是坏的事情呢？"我问。

　　"我也不清楚，好像是一种感觉。"

　　"一种泛泛的感觉？"

　　"是的。"她回答。也许，这就是心理学所说的"集体潜意识"中的东西在作祟吧！

　　"那你觉得，这是来自哪里呢？"

　　"我也不知道。"莲儿一边思考，一边说。

　　"会不会……与你的家人有关？"莲儿父亲的故事，我们都已知道了。果然，莲儿说："有可能是我父亲的感觉。"

　　"你父亲什么时候的感觉？"

155

"小时候的感觉吧！在那样一个任何人都可以欺负他的环境，应该是这样的感觉，时刻没有安全感。"

"所以，你在感受你父亲以前的感受？"

"是的。"

之前我们已经提到过，心理学家认为，精神疾病患者的幻听和妄想，有可能来自于集体潜意识，或者是家族潜意识。特别是后者，通常是通过祖辈的一种不在意识、言语层面的对于子孙后代的传递。在此基础上，心理治疗学发展出了一些特殊的心理治疗方法，最为出名的是家庭系统排列疗法，简称"家排"。

莲儿的这次沙盘体验便呈现了她和父亲十分紧密的联结。她以抗拒父亲来呈现和父亲的亲密，以不能毕业吸引父亲的关注，以在心灵层面的紧密传承，超越了妈妈和爸爸的关系。比起和爸爸妈妈的同眠共枕（直到现在，她每次从国外回来，还和爸爸妈妈睡一张床，理由是和爸爸妈妈睡觉安稳），比起像一个长辈一样指点爸爸和妈妈的关系，她的这种连接更可怕，也许，这有可能会影响她和同辈异性接触并产生爱的情感……

"这太可怕了！"当莲儿和我一起分析到这个层面之后，她明显地提高了嗓音："我不能这样，他不是我的男人，我要有自己的家，自己的爱人。"

"是的！这也是我的期望，那就要看你是要活在另一个人的世界，还是活在你自个儿、本人的生命里头了。"我看着她说。

"我现在知道了，爸爸以前反复讲他的故事，无形中已经给了我这个世界不公平的暗示，我也常暗示自己不能成功，因为我不能接受假如成功之后的可能后果，就是要更加努力地工作，从而失去了自我。"

"你向你的爸爸和外公靠拢？"我笑着问。

"不想啦！"莲儿嘟着嘴巴说，"我必须毕业。现在我知道，如果我一直暗示自己做不了那个课题，那我就真的做不了了。"

"所以，现在，你需要为你自己的未来负责，自己给自己前行的动力了，是吗？"

"是的。"

看到莲儿脸上终于绽放出了笑容，我的内心如春风般拂过。也许，这就是做心理治疗让我痴迷、上瘾的原因吧！

那天，在剩下的时间里，我给莲儿做了一个简短的催眠，让五个月之后的莲儿——那个站在舞台上从导师手中接过学校颁发的毕业证书的容光焕发的莲儿，给坐在沙盘对面的现在的莲儿说说话儿……

当然，不用我多说，聪明的读者，您大概能想象得出莲儿要说什么了吧！

人生有很多小幸福

这是莲儿要重新回学校的最后一次见面治疗。她的药量已经减少了很多，虽然偶尔睡眠不是很踏实，她还是期望尽快能停药。我告诉她，一旦服用抗精神病药，就要坚持比较长的一段时间才能停，中间的过渡期很重要，特别是最后停药前，一定要慢慢减，切勿心急。一方面，这是服用精神科药物的常识。另一方面，即使是危机警报解除，一个人性格中的一些缺陷，不是一两个月就能改变的。所以，即使是做心理治疗效果比较好的患者，也不能突然停药，以防止患者一旦受到新的外来刺激后，重新陷入精神疾病之中。

今天，莲儿是和父母一起过来的。看得出来父母相对比较轻松，一些细微的和谐在他们两个之间产生。同时，我感受到了莲儿在三个人一起时，稍微拉远了和父母的距离，有一丝孤独了，这也是值得欣慰的事情。这也许就是一个孩子要离开父母、离开她原生家庭的端倪吧！父母决定让我给莲儿做这个疗程的最后一次治疗，他们在室外等候。

坐在治疗室里的莲儿告诉我，除了毕业论文，她现在没有什么可担心的了。她说，父母目前趋向于和谐，这让她很欣慰，对于即将面对的在校生活，她的自信心还不是很足，妈妈将陪伴她度过在校的最后一段时光。

自信是需要靠自己行动才有可能获得的。所以，现在她没有必要考虑自信心的问题。莲儿还告诉我，她现在已经在查资料，回学校后如果有机会她会和导师、师兄、师姐们探讨一下，以确定她课题的方向。征得莲儿的同意，我们做了一个小结性的治疗。

我让莲儿闭上眼睛，感受性地回忆她走过的二十六年中，对她有意义的，或者是对她的人生有影响的"节点"。莲儿闭上眼睛，很快说出了：五岁、十岁、十六岁、十八岁、二十岁、二十二岁、二十六岁这几个时间节点。

五岁时妈妈带她来广州；

十岁时是上小学的时候；

十六岁时去新加坡读初中；

十八岁时初中复读；

二十岁时读高中，遇到了一个不喜欢的班主任，学习开始进步；

二十二岁上大学选择了现在并不喜欢的专业；

二十六岁时抑郁、狂躁发作。

我给她添加了出生和大概两岁时妈妈离开她这两个"节点"。

之后，我给她催眠，让她坐上岁月的穿梭机，回到她生命中的各个"节点"，和不同年龄的她对话。其间，她有一些话语让我感动：

襁褓中的莲儿因为害怕要面对人生的困难不想长大。现在的莲儿告诉她，不是所有的困难都不能掌控的，可以选择性地去战胜它！

两岁的莲儿离开了妈妈，现在的莲儿告诉她：她已经证明了自己能够独自长大，让她不要害怕。

五岁的莲儿面对妈妈要带她来到陌生的城市，现在的莲儿告诉她：不要害怕，往前走，没有什么过不去的坎儿，痛苦可以磨炼人。

……

18岁的莲儿被降级，现在的莲儿告诉她：不要太心高气傲，只要活着就有希望，有些小打击都没什么关系的。

……

26岁的莲儿坐在实验室里痛苦着，现在的莲儿告诉她：不要让自己太辛苦了，做不出来想别的办法吧！我不要你这样活着，不要太执着，人生有很多小幸福！

……

两天后，莲儿就要在妈妈的陪伴下回学校去了，对于即将开展的课题，她告诉我已经有了一些思路，能否顺利完成，只能静等消息了……

爸爸的反省

又一个心理治疗日，莲儿的爸爸和我以视频的方式谈话。他说，他已经反省了自己的问题，现在，正在努力地学习怎么做一个好丈夫、一个家的男主人！他说，最近他看到了自己这么多年的不负责任，也看到了自己黏附在过往的痛苦之中，虽然日子在一天天过，人在一天天变老，他却一直在原地踏步，所以，他一直没有长大。不过，现在看来，这世界没有完全的坏事、完全的不公平。这么多年来，自己已经有了一份不错的工作，还遇到了一个十分能干、任劳任怨、以自己的能力支撑了整个家庭的太太。后来，机缘还让自己的太太有了不错的做生意的机会，让自己的家庭在这个女人的手里达到了富足的水平。再后来，自己还有了一个心爱的女儿，现在，家庭幸福，事业也满意。所以，对于他来说，小时候所受的苦和现在的幸福已经达到了平衡，或者说，现在得到了更多。他说，他也该放下过去的不幸了，要活在当下，也该照顾自己的太太，照顾自己的女儿，承担自己应该承担的责任了。莲儿爸爸最后深有感触地说，这次女儿生病，正是给了他一个警醒：原来，不只莲儿生病了，自己也是家里的一个很重要的病患者⋯⋯

和莲儿爸爸的谈话，让我更清晰地关注到一个问题：来精神病医院看病的患者，他们可能是大脑已经有了疾病的病理基础的真正的精神病患者，或者有了一定的人格缺陷，或者心理阻滞，这部分患者很容易被我们精神科、心理科医生、患者家属，以及患者自己认同。但是，我们却往往忽视了另一部分我们难以发现的、更多的像莲儿爸爸那样的、隐匿在家庭里的"病患者"！他们虽然有"过得去"的工作、"过得去"的人际关系等，但他们的存在，往往是真正的精神病患者发病的"推手"。当然，这也离不开患者本人自身的成长动力。

我们看到：每一个心理阻滞的患者，背后往往有着深层次的家庭、家族的"背景"，所以，他们顺理成章地成了心理学家所说的家庭里的"黑羊"！他们只是顺理成章地在家庭的发展中受到阻碍。之后，迫使其家庭动力重新加以调整的一只"黑子"，心理专家附其名曰"黑羊"：一只发蔫或者疯狂的"黑羊"，不知不觉间就会被送上祭奠台的"黑羊"。

抑郁的深层原因：活着的状态

莲儿回到学校之后，应莲儿和她父母的要求，我们又定期以视频的方式见面。在一次视频谈话中，我听莲儿讲述了自己在开学后的情况：开学了，别的孩子都轻松地学习，只有她一上课就紧张，一紧张就不能很好地理解老师所讲的内容。而其他的事情呢？课题进展不大，锻炼也不能坚持，天天睡不醒的样子，妈妈因为签证问题已经回国，她自己整天无所事事，提不起精神。

在分析的过程中，莲儿发现自己一直以来对于学习并不是很用心。之前的她一直很乖，会按照父母的要求背井离乡、完成学业。现在她悲哀地发现，这么多年来，她不但是妈妈实现自己愿望的"替代品"，还是纠缠在父母关系、家族创伤里没有真正的自我的"傀儡"。她成了一棵"躺在地上的树"，没有独立的人格，所以，也就没有生命的朝气。她说，她也很着急，她希望能活在自己的世界里。

我又一次和她进行视频。那天视频聊天前，我还在准备中，无意中，我发现莲儿对着屏幕时不时地做着各种表情，十分可爱。她的脸胖嘟嘟的，大眼睛，眼珠子乌黑、亮亮的，双眼皮，有点儿"塌鼻子"，小嘴巴，五官十分标致。开始聊天前，我先让她转换屏幕，正对着自己观察。她说自己"有点儿天真"。是啊！就像个很可爱的小女孩。我让她跟着感觉闭上眼睛，想着手机屏幕里的自己——那个可爱的女孩。我让她想着她乌黑的眼珠，之后，想象她穿过那乌黑的眼珠，进入到一个新的空间。在这个空间里，莲儿看到了一张桌子、凳子，看到了阳光透过窗户照进来，让这个小屋子亮堂堂的。

我引导她寻找她的内在的自己，结果，她看到了一个在婴儿床上玩耍的婴儿（这就是现实中的莲儿，一个没有完整自我的大宝宝）。我引导莲儿和大宝宝对话，给她以关心和陪伴。结果，等莲儿说，要带她去外面的世界看看的时候，那个婴儿迅速长大成一个七八岁的女孩儿（此刻，我不敢思考、也不敢告诉莲儿我的惊讶，我和莲儿想象的画面是那样一致）。

莲儿带着小女孩走到了屋子外面。她们看到了灿烂的太阳、蓝天白云、美丽的草地、树、小花，听到了小鸟的欢叫。小女孩在草地上奔跑，咯咯的笑声回响在空旷的原野。之后，小女孩瞬间长大了，成了一个十七八岁的少女，穿着裙子，在草地上跳舞……激情散去，我问莲儿，少女现在想做什么。她说，她想回到自己的屋子里，于是，莲儿带着她回到屋子里，安置好少女之后，莲儿走出这个屋子，接受外面温暖阳光的照射和催眠中内在力量的增长。之后，在我的引导下，莲儿回到了现实中……

　　是的，莲儿之前的状态就是那个在婴儿床上自个儿玩耍的大宝宝。同时，她还是一个对周围的世界失去兴趣和好奇的"老太太"。莲儿甚至都没有成长到可以到大自然去随意呼吸、随意享受的状态，更不用说，像个少女承担起自己的美丽。说起"身份"这个词，我举了一个例子。比如，国家主席，他现在也有多重身份，父亲、丈夫、儿子、国家主席，等等。但是，当他一旦做了国家主席，那么，他就要压缩其他的身份，专注地做好他的国家主席，我问莲儿："你说，这是为什么呢？"

　　"因为他要承担国家的安全和未来、十几亿人的吃饭穿衣等大事。"莲儿回答。

　　"所以，他活得很充实，是吗？为什么？"我再问。

　　"因为他有责任！他在承担责任！"莲儿若有所思。

　　"那我们现在是？"

　　"对了，我没有承担责任！不是照顾爸爸妈妈的责任，他们很好，不需要我忧虑，我没有承担对社会的责任，所以，我没有动力。"莲儿恍然大悟。

　　"是社会养育了我们，这个社会包括你的故乡中国和国外的学校。现在，我们就要学业有成了，即使我们在自己所学的领域里不能成为专家，但是我们也还有别的办法，在自己的能力范围内回报社会，让这个世界因为有我们的存在而变得更美好！让这个世界因为有一个我而变得更美好，是我们每个人的责任和义务，是吗？"

　　"是的。我知道该怎么做了，我要做事，找个适合自己的工作，为社会做贡献。这样想，我就不总是活在自己的世界里了。"莲儿边思考边说。

　　"是的。"我给了她肯定的回答。

　　一年前，有位心理咨询师在心理年会上报告了她的一个心理危机干预案例。她为一群坚守在一个比较危险的国家的我国公司员工做心理干预的时候，她的方法就是提高这些人员为了国家的利益而坚守岗位的责任感和正义感。纵观我国国民的现状，近年来，有心理障碍的人数不断地增加。从国民的素质来讲，我觉得，大家共有的一个问题就是缺乏为了社会、为了他人、为了子孙后代的幸福而生活、而工作的责任感和义务感、正义感！也许，很多人的痛苦，最根本的原因就在这里。

莲儿的梦

大概有两三个月的时间，莲儿在我的世界里"销声匿迹"了，我知道，她的情况相对稳定，所以才不约见我。但是，莲儿的父母对莲儿还是不放心，又建议莲儿继续定期地进行心理治疗，以视频的方式继续和我见面。

莲儿说，她觉得父母的建议也正是自己需要的，她现在不是乖，而是能理性地思考自己的需要是什么了。

这是这个疗程的第四次会面，莲儿在和我预约时间时告诉我，她最近不断地做一些谈恋爱、生孩子、照顾孩子的梦，联想起我们第一次见面的话题，我的兴趣来了。

"党医生，咯咯咯……"最近几次的治疗，看到这个可人儿，我都莫名地开心，当我一对她说"HELLO"的时候，莲儿的笑声伴着那张如花的笑脸便展现在屏幕上，我知道，这个生命"活"了！

莲儿说，以往她很少做梦，可最近她总是做梦，除了那个关于谈恋爱、有孩子的梦，就在今天早上，她还做了一个爸爸妈妈带着她骑单车旅游的梦。梦中，他们看到了很多奇妙的事情，不过，内容已经忘记了。

"如果梦提醒你，你和你的父母共同经历了一段奇妙的旅程，你以为是什么呢？"我问。

当莲儿低头沉思的时候，我也在想这个问题。也许，就是他们一家一起来做心理治疗的这个过程吧！结果，莲儿之后的回答大大地打击了我的"自恋"！她说："应该是我生病的经历吧！"莲儿说起她生病时候的情景，她是怎样生病、如何躁狂发作、如何在住院治疗时，在医院里又唱又跳，"那时候，我真的很开心，感觉我这个基督徒真的距离'神'很近。虽然那时候，我一直努力地利用那仅剩的一点点理智，努力地适应着周围的环境，整个人还是蒙的，但我享受了一段无忧无虑的日子，心很自由。"

"对于你来说，心的自由，就是你旅程的奇妙之处吗？"

"是的，你知道，在我们上次的治疗过程中，我发现这么多年来，我都没有认识真实的自己，我一直做着一个爸爸妈妈、老师、亲人、社会的好孩子，一直都活在期待别人接纳和赞美的世界里。所以，我一直戴着'枷锁'，自己把自己放在一个'受虐'的位置。只有在我躁狂的时候，我才释放了自己内在的压抑的一切，所以才会感受到了自由。"

"为了那个短暂的自由，你搭上了精神疾病的列车。"我笑笑。

"是的，得不偿失。"她也笑了，"就像我最近的梦一样，也许，那些梦就是我的渴望吧？"

"为什么现在的梦才体现着你的渴望呢？"

"也许，就像我内心渴望自由一样，我现在也渴望有个爱自己的男人，渴望有个温暖的家吧！"她自我解读。

"周围没有合适的男孩子吗？"

"没有，他们都是那么小，我整整大他们三届。"她顿了顿，"也许，还因为我太胆小了吧？"

"咱们祖宗有句话，女大三，抱金砖啊！"我笑，她又咯咯地笑了，说有这句话，不过，她没有看得上眼的男孩子啊！

我让她闭上眼睛，幻想一下她的男人是个什么样的人。

莲儿幻想出一个场景，她的男人带着她去海边散步，我诱导她进入那个场景之后，她描述她的男人：

"有自己的工作，工资可能养不了家，不过，还有我工作赚钱……"

"养不了家？"我插话。

"应该能养得起吧！"她改口。

我马上想起一个月一万元工资的她的父亲："他对工作满意吗？"

"他很喜欢自己的工作，只是工作不是很顺利，因为搞研究很难。"她已经进入到对父亲的幻想中了。

"他的朋友多吗？"

"不多，没啥朋友，不过，有五六个玩得来的。"

"他的性格怎么样？"

"偶尔开开玩笑，不算很开朗。"

"他有什么爱好？"

"登山、钓鱼、旅行，偶尔做做饭。"幻想与现实的结合。

"家里要请个保姆吗？"

"不要。"

我让莲儿睁开眼睛，问她，她设想的那个男人让她想到什么？她说，她的父亲！

她惊讶地说："其实，我的周围都是些优秀的青年，而我对他们没有任何感觉。冥冥之中，原来我在寻找一个像我父亲的人！"

"而你，要做一个像你母亲那样的人，是吗？"

"也许是的。我不想做一个'小鸟依人'的家庭主妇，我觉得，那样我的生命可能就不会大放光彩了！我可能就是想做我妈妈那样的女人。可是，做那样的女人太苦了！"

"小鸟依人并不是自己什么都不做啊！那样的女人在和男人一起的时候，更能让自己的男人承担起做男人的责任和义务啊！"

"小鸟依人不是那种很'媚'的女人吗？古代的时候，一个国王要毁灭另一个国家，常常会培养一些很'媚'的女人，让她们勾引另一个国家的国王，使其沉迷于女色之中，然后不理朝政，最后达到打败对方的目的。"

"如果女人自己内在没有'媚'的那部分，国王能培养出来她的'媚'吗？"看着她点头，我说，"所以，媚，就是女人的一部分。当一个女人没有了属于她的那部分，那她还是女人吗？"

"啊！我知道了！从小到大，我一直把自己当'牛'一样，在和男孩子交往的时候，我是个比男人还 MAN 的人，他们怎么会爱一个男人呢？"她大叫。

"如何解释？"我好奇。

"我做事还是比较干脆的！我在学校经常提很重的东西。有的男孩子说，提不动。于是，我自个提，不让男孩子帮忙。有时候晚上聚会，太晚了我还主动送男孩子回家。天哪！我哪有女人味呢？！"

"也许，在我的家里，我看到的都是男人不行，女人厉害！妈妈可以撑起一个家、一个家族，而爸爸不能！所以，在我的内心里，女人是有很大潜力的！找个厉害的男人，我会失去发挥自己才能的机会！找个不行的男人，我就可以成就自己！是这样的吗？"

"嗯。其实，我的周围还是有一些老老实实的男人的，是那种对工作，对家庭都能负责任的男人，但我对他们都视而不见！"

"所以呢？"我问。

"所以，如果我继续找像爸爸一样的男人，有可能找不着？如果我等到三十岁以上再找男人，也许，在那么大的男人里面，有可能还有不想负责任的男人被我碰上？天啊——"

……

曾有个心理医生给我做个案督导的时候说，一生中一直爱恋自己母亲或者之后延伸到自己姐姐的男人，他的性，一直是趋向于自己的母亲的。所以，他是很难爱上别的女人，进而拥有自己完整的家庭系统的！他会一直围绕着他的原生家庭徘徊，不能和外界产生和谐的旋律，注定了他的家庭不幸，事业不成！现在看来，不少事例也告诉我们：一直活在爸爸影子里的女人，也注定了不能进入到另一个家庭系统之中，成为另一个家庭的儿媳妇、妻子、母亲，虽然她可能拥有那些头衔……

这就是精神分析中所谓的"不伦"。

不过，我认为也没有那么可怕！原本人不就在早期进化中经历了漫长的不伦阶段吗？

拒绝"不伦"，也不就是为了人类的正常繁衍质量嘛！

如今，隐藏在千万个家庭里的"不伦"，的确只是超越了肉体需求的精神需求！而这种精神需求，却足以让整个家庭处于混乱之中。

据《论语·颜渊》中记载，春秋时期，社会动荡，弑君杀父的事情屡有发生。齐景公问政于孔子，孔子对曰："君君、臣臣、父父、子子"。

后世将孔子的话常翻译为："做君主要像君主的样子，做臣子的要像做臣子的样子，做父亲要像做父亲的样子，做儿子要像做儿子的样子。"由此而后总结出的"三纲"：君为臣纲、父为子纲、夫为妻纲，成了人们反封建思想的主要内容。

其实，孔子的意思有可能或大有可能是这样的：君要在君的位置，做君应该做的事情；臣应该在臣的位置，做好臣的位置应该做的事情；父亲应该在父亲的位置，做父亲应该做的事情；儿子应该在儿子的位置，做好儿子应该做的事情。

我们进一步可以总结为：所谓"君"，就是在一个区域里做区域首领的人，他的职责就不只是为了自己谋福利。所谓"臣"，就是在一定的权限内，应该做好自己的本职工作的人，就像大家所熟知的"做好革命的螺丝钉"。所谓的"父"，就是那个要承担起一个家庭里管理好自己的妻子和孩子的男人。所谓的"子"，就是要承担起作为一个孩子的责任，成长、学习、尽孝。"子"在"子位"，很大程度上，与"父"在"父位"休戚相关。如果社会能在"大公无私"的"君"的领导下，"臣"在臣的位置上努力地付出，那么，这个社会一定会朝向光明的方向发展，且"战无不胜"！如果家能在"父位"的父亲的领导下，家庭成员各司其职，这个家一定会和谐兴旺。

第九章

我的青春叛逆期

艰难的成人礼

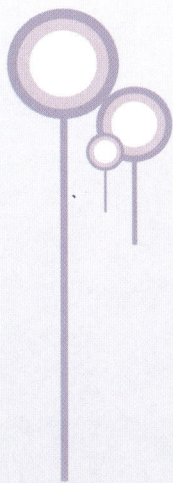

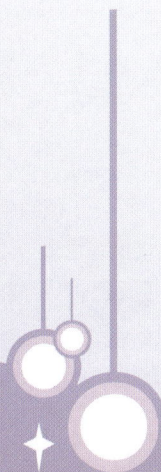

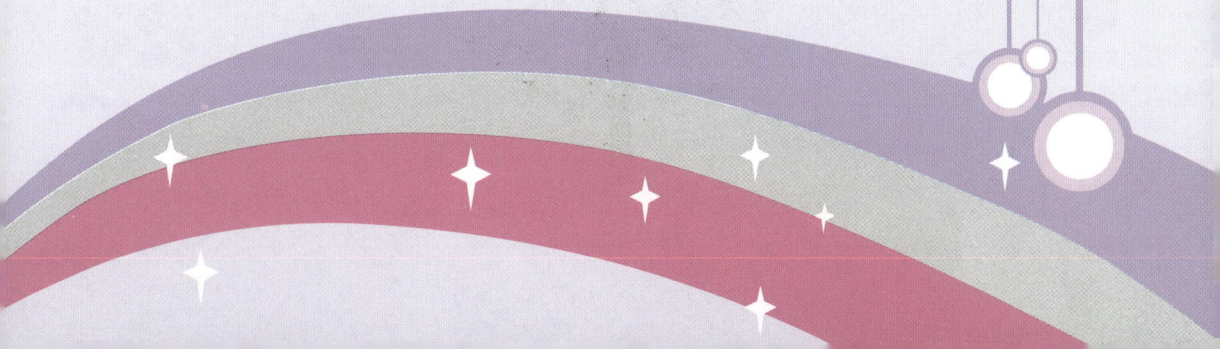

每一颗种子　都是它自己
长成的每一棵小草　小树　也是它自己
当基因和土壤　定不能由我所决定的时候
我只能依靠　我与生俱来的力量

我的心告诉我　我要活　我要长
我要自由　我要空气和阳光
请不要压抑　我成长的欲望

那年那月　我突然有了自己的主张
离开你的佑护　一个人去远方
远离你的视线　让心飞扬
请把你手中的线儿　松绑

我在远方的空中肆意地张扬
历经乌云和风浪　享尽无限风光
蓦然回首　那双渴望而孤单的目光
从没有遗忘

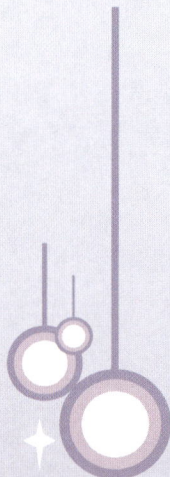

我的一生都活在愤怒里

大伟今年五十多岁了，是一个事业单位的工程师。他皮肤黝黑，浓眉下一双精明的、深邃的目光，即使是笑着，他的眉头也好像是紧皱着的。

而他的笑很特别，一种强迫性的咧嘴而笑，不是我们经常看到的"眉开眼笑"。拿"心理学眼睛"看，我的第一反应是：这又是一个心灵有创伤的人儿。只是，大伟以他的修养，遮掩了他很多内心的外在表现。

了解了大伟这个人，才知道他还真不简单。他出生于广东省一个偏远的山区，三十年前，他是当地屈指可数的大学生，毕业后被分配到广州的一个大型事业单位工作，是单位比较出名的工程师。

工作之余，他还参加了自学考试，通过了律师资格考试的所有项目。几年前，因为感觉到自己心理好像有点问题，他又开始学习哲学和心理学。我虽然是个有点"老"的心理医生，但我和他谈的心理学知识，没有他所不知道的。"我曾经是学霸。同样的，现在我是书霸！"他骄傲又带着几分自嘲。

大伟心里一直有个过不去的坎儿。自从有记忆时，他就经常看到父亲发脾气打骂母亲。到了七八岁之后，大伟明显地、坚决地站在母亲的一边。父亲打母亲的时候，他会去护着母亲，有时候，会和母亲一起挨打。

那时的大伟也觉得自己比别人懂事（在他的心目中，他有一个不幸的妈妈，所以他要保护妈妈）。懂事的大伟学习也比较刻苦，因为他觉得，自己一定要出人头地，如此才能给妈妈幸福的生活。

这个儿子对父亲有这样的认知和感受，他的父亲会感觉不到吗？那个不会表达情感的男人，试图以暴力的方式征服自己的女人，结果不但没有征服她，却一次次地把仇恨的种子埋在了儿子的心里！

当然，他是能感觉到儿子对自己的态度的，所以，他也想以同样的暴力征服自己的儿子，他动不动就打儿子，想让儿子臣服于自己。结局是：很多时候，他的儿子很乖，但是，却不和他说话，更不会和他有亲密感……

大伟最终实现了他的心愿，不但考上了大学，还在广州这座大城市里安家落户了。虽然大伟的成就带给了父亲光宗耀祖的资本，但是，他不知道，自从他的形象在小小的大伟心中被定格之后，他就已经失去了自己的这个儿子。就像大伟所说："我的父亲是个人渣！"当父亲肆无忌惮地将暴力用在自己儿子身上的时候，有样学样的大伟的哥哥也和父亲一样，经常将暴力用在这个学习好但是性格倔强的弟弟身上。大伟觉得，这一切都是父亲的过错，他更恨他的父亲了。几十年了，他的恨，没有停止过……

大伟离婚基本上也是注定的了！因为大伟的母亲在和大伟父亲长期的较量中，无形中拉扯着她的小儿子和她站在一起。在这样的母亲的内心里，她的这个小儿子才是真正属于她、永远不会背叛她、能够给她安全感的男人！

这样的妈妈，一般在儿子结婚之后，常常会因为害怕失去儿子，而在和儿媳相处的过程中，有意无意地和自己的儿媳妇争夺这个男人的关注和宠爱。自然，婆媳矛盾肯定是屡屡发生。当母亲和媳妇之间的矛盾越来越多、越来越尖锐的时候，一般夫妻之间本来就需要磨合的那些矛盾，也会在这个"婆婆"的参与下，上升到不可调和的状态。

父母从小的呵护可以给一个人一生的安全感和自信。但是，一个人若想拥有独立的人格屹立在这个世界上，并竭力地去掌控自己的人生，他就需要有一个"破茧"而出的阶段，也就是摆脱父母的影响并付诸行动，这个阶段被称为"叛逆期"。在不是很称职的父母的抚养下长大的孩子需要叛逆期，同样，优秀的父母培养的孩子也要经历叛逆期，才能成为真正的自己。如果一个孩子在控制欲很强的父母掌控下，没有机会顺利度过叛逆期，即"父母说东他偏西"的有意无意地抗拒父母的时期，一直处于"父母让他去东他不敢去西边"的状态，这个孩子就可能将怨愤潜藏于内心。这种潜藏的能量不会自行消散，终有一天会爆发出来，时间就是在他工作之后，当他自己通过在付出获得的成功，而成功让他自信心不断增强的时候。

这时候，也许父母已经年迈，对着年老的父母叛逆已经没有了意义。于是，他会把这份被压抑很久的叛逆之火投向自己的婚姻中，投向那位在和他婚后磨合中个性和行为已经很像他的异性父母的伴侣，投向那些像当年管理他的父母一样的单位领导——婚姻以及事业的悲剧由此拉开了序幕。大伟，不幸成了那个"叛逆期"没有及时完成作业的"孩子"！

　　大伟来找我，说他正在研究心理学家"卡夫卡"的故事和传记。他对心理学的发展历史清清楚楚，他甚至把一些心理学家的生死年份也记得清清楚楚，可以以此来推断写书时作者的年龄，再根据他写书时的年龄，初步断定他的书的水平。我笑着说，他超常开发了他的大脑潜能。他承认，现在他对沙盘游戏有了兴趣。于是，在一个美丽的下午，我们坐在了沙盘室，他被我带进了沙盘游戏的世界。之后，他和我分享了他的沙画（如下图，原图丢失，此为仿图）。

来访者方向

治疗师方向

　　沙画右上部有三个红衣超人，他们是守护代表古代文明的古埃及文化遗产的。古代文化以右中下的人面狮身像和插有旗帜的城堡、古塔为代表；右中上有一对父子、一家三口、读书的年轻人、丹顶鹤、推水劳作的农夫——一个温馨的农家生活场景。中上右是一座城堡，他说，是能给人安全感的家，城堡前是相连的两座桥，桥上两个人，后面是个农夫，前面是一位对着天空好像在思考问题，或者是对着天空抒发情感的古代文人（城堡、桥、桥前面的碉堡、栅栏，从上往下，好像把沙盘左右分开了）。左中上有一个大磨盘，磨盘上坐着一个捂着耳朵的"猴子"。他说，是一个人，那个人整天都在想问题，可是怎么都想不清楚，他坐在磨盘上旋转，有时候就转晕了（正是他的写照）；左上角一排竹子，上面停着一只展翅的花蝴蝶，很快乐。左上角的角落里，有个小小的不起眼的房子。左中部有一个古埃及法老的半身塑像。左下三分之一处是一群动物，包括老虎、马、猪、长颈鹿、恐龙等，他说，那是在沙漠上动物迁移的一个场景。一个拿着棒子的小男孩在左中间，他说，他在打球玩儿（内在有童心的大伟）……

　　当大伟的沙盘图案逐渐呈现在我面前的时候，我感觉整个沙盘满满的、乱乱的，理不出头绪。当大伟分享他的沙游的时候，我困得难以支撑，勉强听完了他絮絮叨叨的解说。在之前和大伟的交谈中，感觉他喜欢讲一些他了解的心理学方面的知识，而那些知识对于我来说，不算是新内容，但是，他一见到我这个"心理医生"，也明白我对心理方面的历史、典故等了解有限，就絮絮叨叨地讲个不停。现在，他一开始沙游，以我对于治疗过程的敏感度，我知道，这期间肯定有一些特殊的东西使我怎么也遏制不住地想睡觉。于是，我建议先休息一会儿。一进休息室，我就快速地进入了深度睡眠。当我再回来面对大伟和他的沙画的时候，我问了大伟一个问题，这个问题也让我瞬间清醒了过来。既往在治疗过程中，我也曾多次被患者催眠，常常是一旦突然醒悟到自己因何被患者催眠之后，就立刻清醒过来。

我问大伟："你是不是平时和别人聊天的时候很容易把别人给催眠了？！"

大伟明显被我的问题刺激到了，他愣了一下，说："是的，因为小时候我的父亲、哥哥总是不给我说话的权利。所以，等我工作之后，我慢慢变得自信了，就很爱说话了，好像要说完所有小时候没有说完的话似的。"

"唉——"我的内心一声长叹，心中升起一丝爱怜。

我让大伟先诠释一下那个文人和农夫。他说，农夫生活在亲近大自然的农村，所以很逍遥自在、很放松。但是，农夫也为生计发愁，为他的后代未来的生活发愁（此刻他自己内心的担忧）。大伟看着文人说："但是，文人经过努力之后，脱离了农夫的生活。他饱览群书，掌握了很多的知识。农夫的眼睛看的是土地，而文人的眼睛看的是世界、宇宙。文人是经过自己的努力才成为了一个文人，他很欣慰，也很骄傲。"

我采用放松技术让大伟放松，之后走向沙盘对面，想象自己进入农夫的身体中，坐在凳子上，感受农夫的感受之后，建议此刻这个"农夫"向文人说几句话。"农夫"是这样对"文人"说的："你的成就很好，是家族的荣耀，也是自己努力的成果。但是，有空的时候，还是回来做做农夫，多和大自然接触，让自己放松下来。一个人无论怎么活，最后都是殊途同归，人生没有高与低，所以没有必要太认真，好好地照顾自己的身体，不要太计较……"

看着左上角的蝴蝶，我问闭着眼睛的大伟："你刚才面对的沙盘的左上角是充满灵性的蝴蝶，现在看到了吗？"

大伟把头转向蝴蝶说："看到了。"

我引导他："现在，你进入到有灵性的蝴蝶的身体里，在葱绿的竹子竹叶间翩翩飞舞。"我轻轻地把闭着眼睛的大伟，移到蝴蝶所在的位置前面。之后问"蝴蝶"："作为有灵性的蝴蝶，你有什么话对农夫、文人，以及坐在磨盘上的人说呢？"

"蝴蝶"一边思考，一边说："农夫也不必太过担忧，环境虽然不好，但后代们的生活也不会差到哪里去，无论是农夫，还是文人，最后都是'殊途同归'，所以，都让自己放松下来，好好生活吧！至于磨盘上的人，有些问题总是想不通的，不要总是把自己搞得那么晕了，适当的时候就下来吧！该放弃的，就应该放弃，不要总是纠结……"

这次治疗结束后，过了几天，大伟因为有些事和我通电话。当他和我的意见不一致的时候，我们两个人开始辩论，之后就陷入不能统一意见的状态。

大伟突然顿了顿，说："不要再谈论这事了，每个人都有自己的道理，各自保持自己的想法，不要再说了。"我愣了一下之后，告诉他我的感觉，他已经能从石磨上走下来了……

没料到，大伟却说："你是治疗不了我的，学习了心理治疗历史之后，心理医生是治疗不了我的。""我没有想治疗你啊！"这是我的第一反应。不过，我迅速地控制住了自己想辩解的欲望。

他还是活在年少时那个固执的男孩子的生命里吗？

没有叛逆期的倩儿

倩儿和妈妈来医院开药，说想吃点儿中药调理。但是，我问诊之后，我觉得，倩儿的病情并不像她说的那么稳定，倩儿妈妈的脸上也"写着"忧愁。当我问到倩儿为什么结婚四年还没有孩子的时候，倩儿眼眶里满是眼泪……开了中药之后，倩儿和她的妈妈同意做一次心理治疗。我感觉到她们对心理治疗半信半疑。于是，在中午休息时间，我们做了一次会面，我也想看看，自己和她们的互动情况，以此来评估未来是否能和她们一起工作（做心理治疗）。

倩儿和妈妈画了以下的曼陀罗画。"完成这些曼陀罗画，能给我一个很好的全面了解你们当下现状的机会。"

我在每个来访者做作业之前，都会说这句话。来访者能否完成作业，完成作业的态度、速度、质量等，都能给我提供一个了解他们内心的窗口。

当然，最重要的是图画里所呈现的内容。倩儿和妈妈的图画如下。

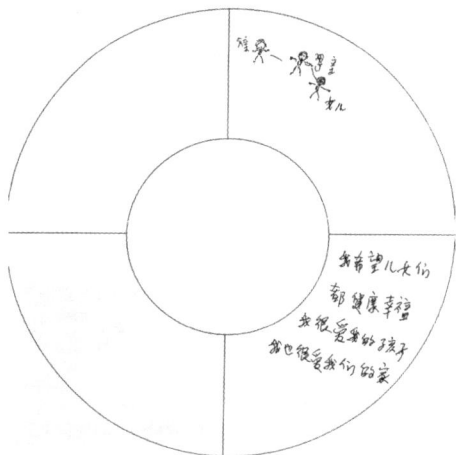

妈妈的画 倩儿的画

从妈妈的画面来看，她的世界只有亲子关系，其他的关系都被忽略了，而且，妈妈把自己放在丈夫和女儿之间。妈妈写出的自我追求是这样的：我希望儿女都健康幸福，我很爱我的孩子，我也很爱我们的家。而倩儿的画是怎样的呢？一眼看上去，她的自我意向竟然是三个：自己、朋友和家人（自我不完整）。亲密关系里画的是她和爸爸妈妈，而不是她和自己的丈夫！

接下来，我进一步了解了她们的家庭情况。

倩儿妈妈家的情况：有兄弟姐妹五个，她是老大，下有三个弟弟、一个妹妹。倩儿的外公内向、话少，没有文化，对家里的事情基本不管。倩儿的外婆在两三岁的时候就失去了妈妈，原因不详。倩儿的外婆有个姐姐，在四十多岁的时候被雷电击去世。倩儿妈妈说，她从来没有看见妈妈笑过，常见她骂丈夫不争气、不赚钱，也经常骂孩子们不听话，一有不满意就骂孩子，骂得最多的是倩儿的妈妈。倩儿妈妈说，她小时候经常会哭，躲在被窝里偷偷地哭，她怎么也想不通，妈妈为何不爱她，为何她怎么做妈妈都不满意？！小小的她发誓以后一定要对自己的孩子好！

事实证明，倩儿的妈妈确实对自己的每个孩子都很好！最好的当然是对大女儿倩倩了。来这里看医生的时候，倩儿吃什么药，妈妈比倩儿还清楚。她不但照顾倩儿吃药，连倩儿家的家务也承包了。她有充足的理由：倩儿生病了，倩儿的丈夫还要工作，忙不过来。

倩儿爸爸家的情况：倩儿妈妈说，她只知道倩儿的爷爷患有老年痴呆症，倩儿的奶奶是个只关心自己的人，对自己的孩子不是很关心。倩儿奶奶和她的家人在日本侵略广州的时候走失了，新中国成立后她一直没有找到她的家人。

倩儿爸爸和妈妈的关系：倩儿的爸爸在倩儿小的时候，就在广东的另一座城市工作至今。倩儿妈妈这样评价自己的丈夫：对家里的事情不关心，只管赚钱，但是，不舍得花钱，甚至倩儿妈妈病了，他都不舍得花钱看病，不断唠叨，倩儿妈妈认为，丈夫是个自私的男人。

我问倩儿，在刚才的过程中看到了什么？倩儿说："我看到了爸爸和妈妈之间的关系，很像外公和外婆的关系。"

是的！倩儿外婆从小就失去了母亲。一般来说，母亲作为女人，在家庭里最主要的任务就是言传身教，教孩子如何去爱人和表达爱，如何发展情感和安全感。倩儿外婆失去了妈妈的照料，爸爸没有再婚，所以自然而然她的姐姐在一定意义上是相当于妈妈的，可是，之后她又失去了这个"替代妈妈"，她没有安全感！所以，她不断地指责自己的丈夫木讷、不会赚钱。倩儿外婆的妈妈没有教会她如何爱孩子，所以，她不会爱她的孩子，也许，指责、骂，就是她教育孩子的一种方式……

而倩儿的妈妈，因为遗憾她的妈妈给了她不恰当的教育孩子的方式，所以，有了孩子就特别疼爱，特别是对第一个孩子，她就像爱自己一样地爱。她的爱趋向于完美，所以，没有给倩儿留下任何叛逆的机会，就像当年倩儿的外婆，没有给倩儿妈妈留下任何青春期叛逆的机会！倩儿妈妈没有一个明显的叛逆期，所以，她一直活在妈妈骂她的"情结"里，这个情结让她一心爱着自己的孩子，她爱孩子的力量是那么强烈，以致把她自己的全部生命融入倩儿的生命里了，导致了倩儿不能成为真正的自己！倩儿的疾病，她的图画，她从读书时就不能和别人建立良好的关系，从来没有坚持工作超过三个月，都是在验证这个事实。

"一定要有叛逆期吗？"倩儿和妈妈同时问到这个问题。

"叛逆期是一个人内心自我苏醒的一个标志！当内在的自我苏醒后，他要问自己想要什么、不想要什么；自己的观点和想法是什么，以及自己该如何和这个社会相处等。如果一个孩子在青春期意识苏醒了，他的父母或者这个社会，给了他足够的用来思考和做选择的权利，以及容许他行动的权利，这个孩子的叛逆期就能够顺利进行。当然，这时候还需要一定的社会规则做适当的约束和保驾。所以，一个人叛逆期的正常发展，不是一定要'不正常'，而是需要在父母的支持下发展自我。当一个孩子受父母影响太多的时候，他的心理就不可能健康发展。如果心理不能正常发展，就像你压着他的身体不让长高一样，孩子肯定会长成'畸形'，从心理学的角度说，就是会发生心理障碍，进而发展成心理疾病。对于一个孩子来说，心理疾病的突出表现就是情绪障碍。"

"那我们该怎么办呢？"倩儿妈妈问。

"如果你一直活在你妈妈对你的责骂中，你就一直不能和你的妈妈分离，不能成为真正的自己。"我对倩儿妈妈说。

"我怎么能原谅我的妈妈呢？"她问。

"她是个两次都失去'妈妈'的孩子，你还要求她生活得温暖、充满爱，有可能吗？"

倩儿妈妈愕然。

"至于你和倩儿，如果你还是一如既往地照顾她，那你就永远不能让你的女儿成长了，孩子都结婚了，你还陪护到她的家里，这好像已经'插足'她的家庭了，不是吗？"

"那我该怎么做？倩儿生病了啊！"

"你首先要想想，现在最应该照顾倩儿的人是谁。"

"照顾倩儿的人主要是谁？"

这个问题清楚了，倩儿的问题就较好解决了……

回过头来看，那次的会面，更像是一次心理辅导。

难怪，我再也没有看到她们……每个心理医生的成长，也是一个任重而道远的过程！为自己加油！

第十章

同性恋的秘密
——歪脖子的树

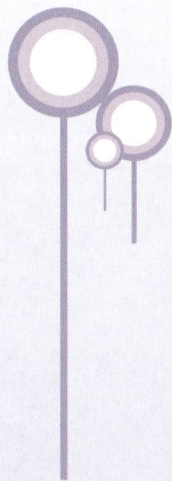

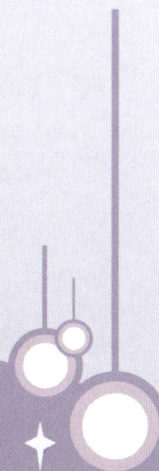

歪脖子的树　带着艺术的范儿
逃离了　循规蹈矩的生长
顽强而自嘲地　享受着另类的落寞

收获了许多奇怪的目光
谁了解我的凄凉
怀着的梦想燃烧着渴望
涌动的情愫诉说着衷肠

歪脖子的树不能成为栋梁
但还拥有多支点的力量
哪怕是最后成为火的原料
也能熊熊地化为瞬间的光芒

歪脖子的树　抚摸着自己的不同寻常
枝枝杈杈　沉淀了更为炽烈的念想
努力地把枝叶伸向四方
雨露均沾　我是我的模样

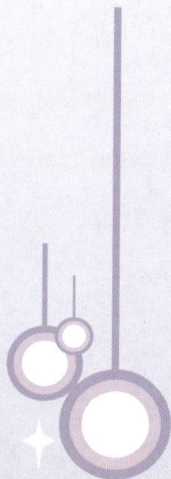

要治疗同性恋的年轻人

他的家庭

航是个二十七岁的小伙子，瘦高个，肌肉还算结实。

第一次见面时，他穿着黑色的背心、浅绿色的中裤，脚穿运动鞋，看得出是个不拖泥带水的男孩子。

但是，从航轻轻地打开治疗室的门，说话中底气不足，小心翼翼但比较坦诚来看，感觉他还是一个不太自信的、忐忑的男孩子。

航坐下来，微笑但很腼腆地说："不知道怎么说好。"我就建议他先做沙盘游戏，去拿沙架上的一些玩具，在沙盘里可以随着自己的感觉摆出一幅画、一幅图，或者一个故事，等等。

航就在沙架前慢慢地走来走去，大概十多分钟都没有选定一件沙具，边走还边嘟囔着："这些对我都是一样的。"

我不知道，此刻他的内心有一个什么样的思维过程。

我静静地等待着，直到他最后选定了一个中年男人，男人的肩膀上扛着一个三四岁的男孩子，他把"他们"放在自己面前的沙盘中间，面对着他。

"这是？"我轻轻地问。

"小时候，我爸爸就是这样对我的，"他微笑着回答，"大概是我两三岁的时候，或者在我有记忆的时候。"

"看着它，你想起了你的小时候，现在的感觉是什么？"我再问。

"很美。"他答道。

"爸爸是一个什么样的人呢？"

"他不勤快、懒，懦弱、逆来顺受，爱讲冷笑话，喜欢赌博，总是被我妈妈骂。"当航说起爸爸的时候，他慢慢地低下了头……

"现在回想起来，当妈妈骂爸爸的时候，你的感觉是什么？"

"当时小，没有感觉，现在回想起来，我还是挺难受的。"

"无论爸爸是个什么样的男人，都是自己最爱的爸爸，是吧？"

"嗯……"航的眼睛刹那间充满了泪水。

接着，从航那里，我了解到航爸爸的家庭情况：航的爸爸弟兄三个，没有女孩，航爸爸排行老二。相对于其他两个兄弟，航爸爸是个我行我素的人。

在一般家庭中，排行第一的孩子，往往要承担起传承家里一些潜在规则的重任，即容易潜意识地接受父母以及家族的一些责任和义务。排行第二、三的孩子则相对地可能被大人忽略，那么，他的生活相比于排行第一的孩子，可能是处于比较自由的状态。所以，我们也就能想象得到，航的爸爸就像航描述的那样，并不是一个对自我要求比较高的人。

航的妈妈是家中的老大，下有三个妹妹，还有两个弟弟。"我妈很勤快，很照顾她的弟弟妹妹。可是，那两个弟弟都很没出息，所以，家中无论大小事都要她操心。"（承担了一份母亲的职责）

"唉……"我心里感叹着航妈妈的不容易。而这样操心的女人，碰到一个航爸爸那样可以说是"自由散漫"的男人。会怎样呢？

"妈妈经常骂爸爸懒、笨、猪脑子，还有其他更难听的话。可爸爸该懒还是懒，该赌博还是去赌博，该讲一些别人不觉得好笑的笑话还是要讲。"

尽管航说得轻描淡写，但是，我能感受到那被他压抑住的生气和些许的无奈。

"爸爸妈妈这样的相处模式，你觉得，对你有影响吗？"我问。

"我也不知道，"航看着前方陷入回忆之中，"从我有记忆的时候开始，我就很内向、自卑和孤僻，但是，我的两个姐姐却很外向和强势。大姐在十年前和妈妈对着干，自己退学外出打工了；二姐在高中时突然发奋读书，之后考上了大学，现在在广州一家比较出名的公司工作，很能干。"

这是一个正常的家庭互动模式。航的这个家庭延续了航妈妈的原生家庭的模式，连续生了两个女孩之后，第三、四个出生的是男孩。家族对于男孩的欢迎和喜悦，无形中会打击女孩的自尊和自我的重要性。而往往，这些女孩会极度渴望自我实现、自我肯定。她们会加倍努力以获取父母的欢心和认可。在这些内在动力的推动下，女孩子在家庭中更积极、努力和主动，无意间，她们的努力会压抑，甚至"阉割"家庭中作为"雄性动物"

的男性成员的潜在能力。

再看看航妈妈的弟弟们，他们一方面，会出于对于姐姐们待遇不公的怜悯，潜意识上迎合着姐姐们的"雄心壮志"，而处于消极的状态；另一方面，弟弟们的内心也知道，在他们弱小的时候，他们是没有力量和姐姐们抗衡的，所以，才形成了那样一个契合的模式。如果姐弟们在以后的人生中没有彼此的心理分离，各自充分地发展自己，那么，这个模式或将陪伴他们的一生……

航在读高中的时候，发现自己没有自信，因为害怕和别人相处而说话结巴，于是毅然辍学来广州打工。他说，要给自己一个独立闯世界的机会，要逼迫自己在一个陌生的环境中改变自己。

他找了一份快递员的工作，因为这样，他就必须和别人交流，但又不用交流太多，这是他能放松地接受这份工作的一个原因。他在广州还参加了一些免费的心理团体课程和训练，看很多的心理学书籍，强迫自己快点儿成长起来。

"你现在说话已经很顺溜了啊！"我赞扬他。

"是的，"航回答，"可是，我还是有点儿信心不足。现在，我来这里还有一个目的，是关于我的性取向问题，我是同性恋。"他有点儿害羞，但又有点，豁出去的感觉！

错愕了那么一瞬间，我的脑子急速地反应后，笑着说："这很正常啊，在现代社会。"

之后我问，他在同性恋中趋向于哪个角色。他说："女性，我很喜欢那些肌肉强健的男性。"

"这更正常啊！"我把他拉向他的家庭：一个正常的人类家庭（也是动物家庭），应该是有力量的男人掌权。在航的家庭里，男女的权威反转了，妈妈更像个男人掌管着这个家庭。而父亲身为一个大男人，却像个弱者，充当着女人的角色。同样的，在和两个姐姐相处的过程中，航在模仿或者说是趋向于自己的父亲和女人的角色。

现在，航在性的问题上，则将这种趋向付诸行动了。

"可我确实很羡慕男人的肌肉啊！"航辩解道。

"当然，每个人在他的生命过程中，都趋向于成为完美的自己。肌肉男，代表了你生命中缺少的那部分男性化的成分啊！你渴望拥有它，不是吗？"

"是的。"

"那么，就像强壮的男人要娶弱小、阴柔的女人一样，结合才意味着完美，"我用两只手手指相扣着打比方，"我们再看看你现在的身体，你现在的肌肉不够结实，不够发达吗？"我捏捏自己不够强壮的胳膊，让他看看他自己肌肉比较发达的胳膊。

"还算可以吧！"他看看自己的胳膊，勉强地评价道。

"你觉得自己的身躯不够高大强壮吗？"

"还算可以吧！但是，我还是喜欢别人的强健。"

"所以，你已经拥有了一个比较强壮的外壳，你的心里却还是趋向于父亲所呈现的女性的特质，所以爱慕肌肉男？！"

"是的。"航吃惊地看着我，没有多说话。

"一个男孩表现出一些不正常的行为，有可能是他的原生家庭里出了问题，需要调整。"我试探着说。

"我是感觉到，我越来越像我的父亲了，我不喜欢这样。"

"就像你来到广州，你要救赎你自己？"

"是的。"

"希望自己成为一个强大的男人？"

"是的。"

"如果沙盘中的父亲和孩子都是你，你怎么解释呢？"我似乎有点强势了。

航看着沙盘中的父与子，思考了几十秒钟后说："现实中的我是长大了，可内心里的我，还活在那个小男孩的伤痛里，我在背负着小孩子状态的我。"

"你不能接纳那个小孩子，是吗？"我的声音变得柔和。

航的眼睛紧闭了几秒钟，他睁开眼睛后告诉我："我内心希望有一个强壮的、威猛的父亲，在我小时候给我支撑和依靠。可是，我的父亲没有能够给我。所以，我好像卡在小时候了。"

"这样很累，是吗？"看着他点点头，我指着沙盘说，"我的感觉是，你已经忘记了你的强壮，你努力地渴望一个强壮的父亲，和他融合，然后撑起那个孩子。"

182

"所以，我在幻想？"他好像恍然大悟的样子，"是的，我在幻想。一旦和男人发生关系了，我发觉我并不快乐。也许，是幻想被打破后的失望。"

"不是吗？"我反问。

航笑了。

我们预约了下次的心理治疗。

第二次治疗，接着前一次治疗的内容，我给航做了一个催眠。主要是让他和他内心的孩子再相逢，现在的他可以给那个孩子以安慰和呵护。

这样，以后的航可以更轻松、自信地走他接下来的人生路。

那一刻　打碎了一个孩子的全部

历史竟有如此相似的地方。四十年前，在北方的一个小村子里，有段时间，村里的孩子们特别兴奋。

因为一到晚上，孩子们便自发地拿着自己的小板凳，翘首以待隔壁村的那个被他们称为"一撮毛"的老师，来到小学校的门口给大家讲关于"鬼"的故事。由于老师的下巴旁有个带毛发的痣，孩子们私下就这样偷偷地称呼他。现在回想起来，那时的老师是多么单纯，他们爱孩子，孩子们也以调侃的方式，把老师从高高的权威位置上，"拉到了自己的身旁"。

每当那位老师来到村里的时候，总有大点儿的女孩给老师捧来一壶茶，那是对老师最大的报答，老师也特别享受。

每晚一个小故事，孩子们听得津津有味，同时，以抱头、捂眼睛、相互打闹、突然的大喊大叫作为听了故事的最佳效果。

而二十年前，在祖国最南边的一个海边的村子里，也演绎着同样的情景。

一群孩子在夜幕降临的时候，围绕在一位老人家的身旁，听那些离奇的鬼怪故事。可见，在我们后代的成长过程中，应该有无数先辈、同辈，以及我们的后辈默默无闻地做着奉献，默默地在民间做着一些文化的传承工作。

四十年前的那个小山村的女孩子和二十年前的海边的那个男孩子，今天以成人的方式在咨询室里面对面交流。

航的回忆勾起我对小时候很多美好的回忆。

就如黄晓楠咨询师在她的《我们为什么需要在游戏和电影中制造恐惧？》

里所说的："在人类的各种情绪里，最原始、强大、用理性也几乎不可能克服的，恐惧当属一种。"

孩子们在恐怖的游戏或者故事体验中，尝试着和自己内在的恐惧情绪相处，并最终战胜它，在此过程中也获得了成长的勇气，每个孩子都需要这种成长的勇气。

所以，无论是南方还是北方，古代还是今天，中国还是外国，恐怖的故事都从来没有间断过，即使是在最封闭的地方，总是有那些冥冥中被赋予了职责的人，自发地传承着育人的责任……

"我想，那段时间应该是我一生中最兴奋的一段时光。我每天都活在对那些故事的恐惧里，又兴奋又害怕，晚上不敢一个人睡觉，更不要说，去农村设置在户外的厕所了。可偏偏就在某个晚上，我怎么也控制不住必须要去厕所了。当时，父母好像在忙碌别的事情。

"我只记得，在万般无奈的情况下，我忽然发现了一个闲置的饭盒，鬼使神差地，我偷偷地就把大便拉在那个饭盒里，并且在没有人看见的情况下，把盒子盖好，以为这样就可以蒙混过关了。"

结果，你知道，如果有'结果'这两个字的时候，事情肯定暴露了，妈妈发现了我做的蠢事，并且毫不留情地大声嚷嚷起来，最后弄得差不多全村的人都知道了。这不是一个正常的孩子所做的事情，我承认。在那么害怕的时候，我做不到正常，对吧？但是，我妈妈不理解我为什么这样，她也不问我为啥要这样。

"那一刻，我就是个坏孩子，一个不可理喻的孩子，一个糟透了的孩子，一个一无是处的孩子，我恨不能钻进地缝里去，从此再也不见人。恨不能出去的时候用毛巾捂着自己的脸，以免听到村子里那些女人毫无顾忌地谈论这件事，看我的笑话。

"之后很长的一段时间，我都很害怕见到村子里的人，即使去了学校，也怕我们村子里的同学突然提起这件事情，我的性格彻底改变了，我开始活在自己深深的自卑里……"

航一边说，一边把头埋在他的双手里……

我一阵难过。航让我再一次领略了一个母亲的认同、赞美对一个男孩子成长的重要性。

母亲本来可以促使孩子形成阳光、积极的个性，而航妈妈对航的贬低和嘲笑，直接促成了航形成了自卑、软弱的个性。它再次验证了"一个母亲就是一个孩子的命运"这句话并不夸张。

我想起心理学精神分析的鼻祖弗洛伊德的故事。

弗洛伊德的妈妈对于儿子未来成功的笃信，终于让弗洛伊德走向了成功之路，而航的妈妈正好相反。我把航小时候遭遇的这个事件定义为"儿童创伤"。

"那我以后该怎么办呢？"航问，"我以后的性格还能改变吗？"

"一个人的性格小时候已经定型了，如果要改变，需要长期不懈地按照自己想要的方向去努力。你不是正走在这条改变的道路吗？从你走出你的村庄开始。"

"是的，我努力地和别人交往，大声说话，期望改变自己。现在，也改变了很多。"

"改变之后的感觉是什么呢？"

"高兴，自豪。"

"这时候，你的自尊和自信呢？"

"增加了。"

"创造成就和享受成就可以增加一个人的自信和自尊，是吗？"

航点点头。

治疗创伤的唯一方法，就是面对，不管以何种方式。

航问我，是否可以向母亲表达她当年对自己造成的伤害。我问他，妈妈是否知道那件事给他造成了伤害。他说，应该不知道。

"也许，现在妈妈知道了她曾对她亲爱的儿子造成过伤害，她还真愿意对她的儿子说一声道歉以获得儿子的原谅。如果哪一天妈妈走了，她这一生都没有得到儿子原谅的机会，而让儿子一直那么痛苦，她或许会觉得，那样对她真的不公平呢。"我对航说。

航低着头思考了一会儿，抬头看着我，好像是下定决心似的，说："下次回家的时候，我试着和我的母亲沟通一下。"

后两次的治疗，我发现，航并没有和我谈及同性恋的事儿……

其实，我们每个人都有不同程度的自卑感。因为有对比，所以，我们会自卑；因为我们在乎自己在别人心目中的形象，所以，我们会自卑。但是，自卑就像花朵下的粪土，让我们感觉到不能接受自己。可是，因为有它，我们才愿意去奋斗，去实现心目中完美的自己。

所以，从一定程度上讲，自卑，可以毁掉一个人，同时，也会成就一个人。

和　解

经过几次的治疗，航的抑郁状态好了很多。最近，他领养了一只小狗，他说，小狗让他心情更好了。

航曾指着一次沙盘游戏中的一座宝塔说："一只小狗，让我感受到了从未有过的快乐。以前，我认为，一个人只有到了人生的顶峰的时候才会快乐。现在，自从养了小狗以后，我觉得，虽然自己还在最底层，什么也没有，但是，也同样可以享受到很多快乐。"

他反省了自己之前的很多的痛苦，皆与自己身处在人生的底层却不能接受现状，总是奢望达到人生的巅峰时刻，才能享受到快乐的观念有关。他说：回头来看，他已经错过了人生的很多风景。

可是，之后有一次来治疗，他的状态又不好了。他说，他已经抑郁好几天了。在我的建议下，他先做了沙盘游戏，结果我们就看到了下面的图案。

来访者方向　　　　　　　　　　治疗师方向

航说："那天，我在宠物店和别人聊天之后，突然发现，我在那里已经侃侃而谈一两个小时了，已经忘乎所以地打扰了别人。我突然发现，自己是那么缺乏涵养和风度。回家后越想越自卑，抑郁的情绪又重新回来了。"他看着自己的沙画说。

看着沙画，我问他，在沙盘里想"说"点儿什么？他说："左边的是一件容器，容器可以盛水，但是有一定的度。"他指着那个器皿高出部分与基础的连接处说："这里是分界处，有一些间隔的口，如果再加水，水肯定会从那些口或者前面流出来。"

"这让你想到了什么呢？"我问。

"我想，人家是宠物医生，而我只是个打工者，我却在医生面前侃侃而谈，他们没有说我什么，但是，背后肯定会看我的笑话。"

"你希望自己怎么做？"我笑着问他。

"我希望自己在别人面前和那个医生一样斯文点儿、温和点儿。"

"你希望自己做的和医生一样或者更好？"我求证。

他怔了一下，自语道："也许，我对自己的要求太苛刻了……"

"医生只是在某个方面有特长，每个人的特长不一样。"

他看着我没有说话，我继续说："假如你是一个宠物医生，你的客人在你的店里侃侃而谈、十分自在，你的感觉是什么样的呢？"我问。

"我不可能做宠物医生，"他立刻反驳，之后又静下来想了想，"假如我是宠物医生，我也许不会反对我的客人这样，也不会反感。"

"所以，那样侃侃而谈不好只是你的想法？"

"现在看来是。"

"当你把自己想得那么不好的结局会是什么呢？"

"不高兴，抑郁发作。"

"然后呢？"

"工作也做不好，赚不到钱甚至失去工作。"

"之后呢？"

"我自己过得不好。"

"你对不好的自己会怎样？"

"会很生气。"

"所以，你每次碰到问题都是用这样的思维苛责自己，你最终的指向都是'生自己的气''对自己产生愤怒'，你在不断地寻找对自己的愤怒。"

时间在这一刻凝固，继而我深深地问一声："为什么？"

他闭上眼睛，用手示意我暂停，让他想想。

几十秒后，他艰难地望着我说："是的，我一直在寻找愤怒。对妈妈的愤怒，对那些讥笑我的人的愤怒，对懦弱的自己的愤怒。"

他长叹一声，低着头，双手握拳，很痛苦的样子，问我："我该怎么办？党医生，我该怎么办？我要报复他们吗？我很想拿一把刀杀了他们，因为他们，我痛苦了这么多年。"

"他们，包括你的母亲吗？"

他再次怔怔地望着我。

"你可以向他们表达你的愤怒。但是，他们伤害的是以前的那个孩子，还是此刻的你？"

"以前的那个孩子。"他回答。

"那个孩子长大了，是否应该为小时候的自己做点儿什么呢？"

他疑惑地望着我。

"比如，你可以和你的妈妈谈谈这件事，让她知道，当年她这样做对你的伤害。"

"他是我妈妈，我不能对她做什么。"他喏喏地自语着。

"你不做什么，你的愤怒就一直在那儿！你不做什么，你妈妈怎么知道她错了。她是一个农村妇女，她没有接受过心理学教育，没有人教育她，怎么才能教好自己的孩子。如果你不说，她永远也不知道自己曾经做错了。你不觉得，她也很冤吗？在不知情的情况下被你怨恨了这么多年。"

"我……想想……也许我应该回家后和她谈谈……也许，她还会嘲笑我……"

"那该怎么办？"

"我想，我还是想和她谈谈。"

"嗯。"我点点头，"那其他人呢？"

"他们也许还会嘲笑我，笑我把那些小事记了那么多年。"

"这件事对于他们来说，也许没有任何意义。但是，它对你有意义，它已经影响了你几十年。"

"是的，我还是要找他们，大不了……同归于尽！"

看着他又激动起来，我指着沙画上的毒蜘蛛和蜈蚣说："你看看，这么多年，你一直对当年的那个小男孩的委屈耿耿于怀，那么，他和他的委屈就永远在你的心里滋扰你，没有办法离去。你想想，你饶过了那个小男孩的懦弱了吗？如果你饶过了他，为何不能让他承受来自一个小男孩被侮辱的命运呢！他就是个小男孩，他能做什么！谁能告诉他，怎么去做才能维护自己的尊严！谁又能告诉他，如何去为自己的委屈做点什么。你这些年对他的遭遇有那么多的愤怒，你在替他愤怒吗？那他怎么能快乐？你又和小时候嘲笑、伤害他的那些人又有什么区别呢！"

航的脸色很难看、很凝重。久久，他看着沙盘中的那个小人问我："那我该怎么办？"

"是的，该怎么办？"

静止了几分钟之后，在他的同意下，我引导他进入催眠状态，决定应用"空椅子"技术：我让他转换到小时候的自己身上。

当小小航正式面对长大了的航的时候，小小航的眼泪"唰"地流了下来，他说，他看到长大了的航很害怕，也觉得他很可怜。我引导小小航对着长大的航说了自己的困难，让小小航表达了自己的想法，他说，他只有一个愿望就是长大。现在，他已经长大了，他的任务已经完成了，接下来的事情就是长大的航的事情了……

表达完之后，我让航回到自己的身体里面，再次面对小小航。这次，航真诚地向小小航道歉了，他觉得，自己这么多年，对于小小航太严厉了，他许愿说，以后要对小小航宽容一点，愿意让小小航陪着自己走以后的人生道路，愿意放下对小小航那些遭遇的不满，给小小航以自由……

灯光下，航的脸上逐渐有了笑容。

他看到了：其实，小小航还是蛮聪明的，他就像七个小矮人中最小的那个，精灵而憨厚……

而就在这次治疗之后，我突然想起，航已经很久没有谈及他的同性恋的事情了。接着，他的下次治疗，就谈及到了这个话题。也许，这就是所说的时机吧！

面对这件难堪的事儿

这大概是第七次治疗了。进入治疗室之后，航在沙盘上完成了以下的这幅画。沙画的最左侧是一只昂首欢鸣的公鸡，它的右侧是一只小恐龙，再右侧是一个男人骑着马，最右侧是右手拿着枪，双脚紧紧踏在大地的乌黑的变形金刚。

航给我描述了他的沙画的含义。

左侧的大公鸡，在村子里打鸣给大家报告时间，还和母鸡生蛋。它是大自然的一部分，给世界带来生机。

旁边的小恐龙，虽然是恐龙，有邪恶的部分，但是，破坏力并不大。

骑马的人很帅气也很威武，有一定的权威，代表着荣耀。他有力量，能驯服野马，说明他比较强大，他的破坏性一般。

最右边的是变形金刚，一开始看到它时以为是正派的、强大的，代表可以和最顶端力量抗衡的竞争者。现在，看到它那么黑，感觉它代表着强大的邪恶的力量。但是，也不一定是全部的坏，也许它做的坏事是被迫做的。不管怎样，它距离自己还是比较遥远的，所以，暂时不管它……

来访者方向

治疗师方向

"如果它们各自代表你的一部分，你觉得它们分别代表着你的什么呢？"我问航（重新回顾这个个案，此刻我想，我还可以这样问他："你现在把他们摆放在你的面前，你觉得，他们对于你有什么特殊的意义呢？"）。我知道，一般当来访者在沙盘中罗列一些情景的时候，往往是他在面对自己的"子人格"，也就是不同的他自己，或者说，是他的不同面。

"也许我现在就在这里，"他指着公鸡和小恐龙说，"公鸡虽然微小，但是它阳刚，在村子里也是必不可少的，它能给村子带来生机，基本没有什么破坏力。"

"是指你的存在？"

"是的，只是安全度不够。"

之后他看着恐龙，说："恐龙有一定的破坏力，就像小时候我调皮弄死别人家的小鸡，偷别人家的鸡蛋一样。"

"接受吗？"

"接受。"

之后，他拿着那个骑马的人，好像有点儿伤感："现在我已经意识到了以前自己在追求完美，就像这个人一样想征服世界，让这个世界变成自己想象的那样完美。"

"包括别人对你的赞美、接纳、不批评、不歧视、不侮辱吗？包括你也想有一个理想的妈妈吗？"我轻声问。

"是的，"他肯定地回答，"也许我是在追求完美，结果不断地受挫，之后是强烈的自责、沮丧，然后是消耗我自己的精力、消耗我的自信……"

"现在呢？"

"我接受这个世界的不完美吧！所以，今天，我要面对自己的——"

"同性恋问题！"我们不约而同地笑了。

"党医生，你有没有看到，他们全是雄性的。"他笑着指着沙盘中的那些沙具说。

我告诉他，当他完成他的沙画时，我就发现了这一点。

"我好好地反省了自己，以前抑郁的时候，很沮丧、很痛苦，感觉自己没有精力，有很强的无力感，那时候，我总是把自己想象成一个小孩，想依恋一个男人。"

"父亲吗？"

"是的。"然后他指着变形金刚说，"另外，当我希望成为它的时候，我是在希望自己能成为最顶尖的人物。结果，我的期望越大，失落感就越强烈。"

"你是说，一个人的抑郁可能是与他对自己的要求太高了，理想和现实距离太大了有关系？"我求证。

"是的。你还记得我之前的沙盘吗？我以前只追求在塔顶的生活，觉得那才是生活，才是真正的人生。现在，我觉得，在塔底的生活也能找到快乐，那也是人生。我现在在调整自己，过着公鸡一样的生活也不错，以后让自己有小恐龙的力量，再向骑马的人努力。"

"所以？"

"所以，我要去努力地打工，然后试着与女孩子交往，也许认识多个女孩子，我才能找到爱女人的感觉……"

"以前，我害怕找到像我母亲那样的人。"

"当你突然发现自己很像爸爸之后？"

"是的！"他不好意思地笑了。现在，我才发现，这个男孩子在我的治疗室里已经不像以前那样拘束了。

"我像我的父亲，万一我找个像我妈妈那样的人，又生一个像我这样的孩子……"

"你不接受你自己，所以，你不接受生一个像你的孩子？"

"是的。"他咧嘴笑了，"不过，现在我已经决定随缘，万一喜欢一个像泼妇的女孩子，那就随命吧！"他竟然有点儿害羞。

"其实，你的同性恋，在你内心的最深处，就是害怕生孩子。"

"是的。"他破天荒地大声喊道。当然，不是那种整层楼都能听到的大声。我们两个一起笑了。

"所以，孩子们的问题，往往来自于父母。但是，当我们长大之后，成为什么样的人，就是我们自己的事了，是吗？"

"是的，我要承担起自己的责任。"

"所以，生个孩子，长成啥样，也是他自己的事情了，是吗？"

"是的。但是，当我的老婆不好的时候，我就要多一点照顾自己的孩子了。"希望已经在他的心中升起。

"你会承担起一个父亲的责任，是吗？"

"是的，不会像我的父亲那样。"

"你能做到的！"

其实，从生理功能上讲，当我们处于孩童和老人的时候，男性和女性是没有多大区别的。只有人类到了青壮年时期，身体里的雌性激素和雄性激素水平发生量的改变才把男人和女人区别开来。两种激素是共同存在于一个人体内的，所以，从这个角度来讲，我们每个人都有同性恋的倾向，是吧？！

为什么我们接受不了同性恋呢？

"因为人类社会需要人繁衍下去！"这是航的回答。

所以，异性恋也是我们自己在人类社会里所承担的责任。

当你一旦知道自己的性取向是同性的时候，那你就要做好被人类的规则所唾弃、所鄙视的准备吧！如果你做好了这些准备，那么，你的内心也许早就做好了可能被攻击的准备，是吗？

再谈点同性恋那回事儿

数年前，有个四十多岁的男人，被他的太太从外省"押着"来广州看病。他的病一是"抑郁症"，二是"同性恋"。

经过详细的了解，我知道了这个男人生长在农村，在他十八岁、对于性的了解还是懵懵懂懂的时候，有个六十多岁的老男人猥亵了他……

我以前听过一些关于性方面的心理学讲座，知道同性恋的性取向，往往和他们第一次的性经历有关。

那天，我把他的同性恋取向，"归咎"于那个可恶的老男人。这在一定程度上减轻了这个男人在他妻子面前抬不起头的心理。因为，我看到了他的妻子在这个男人做了"坏事"之后的委屈和愤恨，以及一种强势的姿态。

经过几次治疗之后，这个男人的自卑感、强烈的矛盾观念得到了缓解，情绪也得到了相应地改善。而更让我欣慰的是，他的妻子开始谅解他、包容他，更开始改变自己，从那个整天唠叨的、哀怨的女人，开始向一个平和的女人转变。

数年后，我又接受了一个女孩的咨询。

她叫简，是因为同性恋问题来向我求助的。简是个 16 岁的姑娘，长得眉清目秀，一米七的个头，如果不是一身男性化的打扮，可真符合"窈窕淑女"的标准了，可是，简就，是不愿意做女人！简说她讨厌自己的身体，她最大的苦恼，是她很清醒地知道，她这辈子无论如何也不能变成男孩子！

和简工作了一段时间之后，我把她转介给了其他心理医生。请原谅，心理医生不是万能的，不一定和每个来访者都可以"合拍"的。

在治疗的过程中，来访者发现，这个心理医生不能很好地和自己相处，可以更换其他心理医生。如果心理医生发现自己因为某些原因和来访者不能很好地相处，基于以来访者的利益为基本出发点，也要及时地将来访者转介给自己认为合适的心理医生。

简的妈妈出生在广东一个以重男轻女而闻名的地区。简的妈妈家里有姐妹三个，没有男孩。当简作为妈妈的第一个孩子出生后，显然，尽管简十分可爱，但并不是妈妈所期望的孩子，更不是爷爷奶奶心目中的孙子。当简的妹妹出生后，这一家老少对男孩子的渴望更加强烈了。这一切，十分聪明敏感的简是不可能没有感觉到的。

简从小就没穿过花裙子，也没有扎过小辫子，她经常和男孩子打架、上树、下河，完全是以一个男孩子的姿态活在她快乐的童年里。

简的妈妈在回忆简小时候的事情时说，她并不是不爱简，只是不能接受简的女孩儿身份。说起自己小时候看着父母那么渴望一个男孩儿的感受，她说，当时她没有感觉，多少年之后的今天，她感觉无限伤感。也许在简小的时候，妈妈的内心里就希望简变成个男孩子。所以，她就在给简买儿童服装的时候，压根儿就没有考虑过给简买花裙子之类的漂亮衣服。

简的爸爸是个事业有成但性格内向、有点儿懦弱的男人。

简的爸爸在回忆他的成长经历时，提到了他的妈妈。他的妈妈是一个外向、开朗，"没心没肺"的女人。因为简的爸爸大概四五岁的时候才会说话，而且刚开始也表达不清，他的妈妈就常常在来家里的客人面前说这个儿子"太内向""没用"，并把他和那个能说会道、伶牙俐齿的妹妹做比较，总是说，如果这个儿子和女儿"调换过来就好了"。妈妈的话让年幼的简的爸爸常常感到自卑，这种自卑一直伴随着他的大半生。简的爸爸说，如果说，自己对简的性取向有影响，也许是因为他没有留给自己的女儿一个大度、大气和乐观的男人形象，才让简像一个真正的男人那样，在家里由她说了算。

简爱的女孩儿，都是些温柔的、长发飘逸的、皮肤白净的女孩儿。这样的女孩儿和有着漂亮外表、看上去"帅气"的简在一起，我们也可以想象得到，绝对是"天造地设"的一对儿。可惜，无论怎么样都缺少点儿阳刚之美。也许就像简说的那样，她缺少个具有阳刚之气的"小鸡鸡"吧？！简说，她追求着她心目中的完美，但是，这个完美永远也达不到。所以，她经常想以"死"表达自己内在的绝望和失落。

在治疗室里，我陪伴着简进行了长达二十多次的心理治疗，简慢慢地接受了这个世界的"不完美"。慢慢地尝试着接受自己永远也得不到"小鸡鸡"的现实；慢慢地明白了她内心所渴望的那个长发飘逸、温柔的、皮肤白净的女孩子，就是她内在渴望的自己。也渐渐明白，从小至今，她这个家族里最叛逆的孩子，实质上却是家族里最忠诚的孩子，潜意识里她一直在满足爸爸妈妈和爷爷奶奶，甚至是祖辈们基于家族兴旺的愿望而渴望男孩子的心愿！那不是真实的她自己，她来到这个世界，"出场"时是女孩子。

回顾既往，我所接收的这几个因为同性恋倾向而来到心理咨询室的案主有个共同点：除了简和她的家人同样痛苦之外，其他的都是本身的同性恋者不痛苦，而他的家人无比痛苦。

这好像验证了"一份幸福如果有人分担，这份幸福会成倍地增加；而一份痛苦如果有人分担，那这份痛苦就会成倍地减少"的道理。这中间似乎牵扯到一个隐形的内在连接：有的人因为生病而痛苦，是在为自己生命中的遭遇而承担自己的责任。而有的人生病，则暗含了对于关心自己的亲人的攻击。

同时，我所接触的同性恋者都有一个共同点，那就是内心里在追求一个完美的自己！而这个追求完美，往往和他们的童年创伤有关。

他们的追求，不是努力地完善自己，而是通过和自己缺少的、另一个拥有自己没有的特质的同性伴侣结合，从而达到完美的自己。从这个角度讲，我不赞同这样的人去尝试同性恋。

同时，我想在这里说，因为我们各自的不同，这世界才如此多姿多彩。很多人很勤快，通过努力得到了他们所想的。而另一些人，他们愿意"懒"着度过他们的一生。

所有的选择没有对和错，只是他们的选择而已。当我们认为别人的选择不好的时候，我们可以去表达自己的观点，去引导他们，但是，没有必要去责备、埋怨他们，否则，我们和同性恋者追求的又有什么不同呢？

几年前，有个男孩子带着他的爷爷来找我，想让我说服他的爷爷接受他是同性恋这个事实。那个爷爷也是个看起来有修养的老人。男孩子一再说，他会孝敬他的爷爷，让他的爷爷不要担心老了没有人赡养。在这个案例中，男孩子出了问题，这和他的不负责任的爸爸有关，爸爸不但没有陪伴自己的儿子长大，没有带着儿子成为一个男子汉，还给孩子留下一个不负责任的男人形象。

当这个男孩一再对老人家说，他不是不孝顺，他可能会以别的方式实现爷爷传宗接代的期望时，我告诉他，目前，他的选择就是对于老人家世界观的挑战，老人家心里不痛快，你就是不孝！有两个选择：一是接受自己的不孝；一是就做孝敬爷爷的孙子，放弃同性恋。

那一刻，我觉得自己很绝情。同时，内心也很无力，我和这祖孙俩，共同面对着有点儿残酷的现实……

第十一章

家庭里的隐匿病患者

从石缝里爬出　我爬出了欣喜
傲娇地没有了往昔
风化出千年的美丽

凉风吹拂着强壮的身体
我低头俯视山涧的汩汩泉水
任由白云在我的颈部缠绵相依

不曾心碎
枉费了这一腔的美
原来也轻如尘　细如粒
风中的一丝轻吟

于是收起长袖
拥抱自己的身体
抚平千年的伤痕
唱起万年的怜悯
融入山水

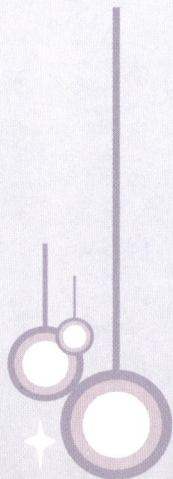

——石松

爱奶奶的抑郁女孩

这个十六岁的女孩，我们且称她为"彩儿"。彩儿的妈妈也是在网上看了我写的关于心理问题的文章之后，带彩儿过来找我的。那是我们的初次会面，在我的中医诊室而不是在心理治疗室。所以，我们先做了个初步的了解和评估（双方）。

彩儿的妈妈是一个非常焦虑的女人，四十多岁，短发，厚厚的刘海遮在前额，大约一米五三的个子，微驼着背，胖胖的，面容憔悴，看起来压力很大的样子。虽然彩儿是被妈妈带进来坐在我诊桌旁边的，但是，坐在我对面的妈妈好像并没有给女儿优先说话的机会。她告诉我，彩儿已经休学三个月了。

三个月前，彩儿开始情绪低落，总有想死的念头。不得已，她送彩儿去儿童精神科住院治疗，不久前刚刚出院。虽然做过电刺激治疗后，彩儿的抑郁情绪有所缓解，但是，出院不久后又开始情绪低落了，口口声声说想死，还超剂量地服过抗精神病药，一家人都十分地紧张和害怕……

彩儿是一个白白净净的女孩儿，一米六左右的个头，身材较壮，短发，身穿一件白色的普通短袖和像是校服的蓝色裤子，坐在我旁边好像是个七八岁的女孩子。我让焦虑的彩儿妈妈坐在候诊凳上，换彩儿坐在我的旁边聊聊她的情况。彩儿说，在她很小的时候，奶奶就和他们住在一起，照顾他们一家了。为此，奶奶已经和在乡下的爷爷分居了十六年。

彩儿以前学习成绩很好，读书很自觉，读小学和中学都是家里花费了昂贵的学费在当地的私立优等学校就读的，父母和爷爷奶奶都对彩儿的未来抱有很大的希望。可是，去年临近中考的时候，彩儿突然情绪低落、抑郁发作，彩儿的父母就带她到精神病院治疗，同时办了休学手续。今年，重读初三的彩儿在临近中考的时候，又一次抑郁发作，不得不办了退学手续。因为学校有规定，一个学生不能连续休学两年。我发现，彩儿说自己的情况时，先说奶奶和爷爷分居，住在自己家。

"那你以后就不能读高中了！"对于一贯学习好的学生来说，不读高中就意味着以后要读职业中学，那里都是学习成绩一般的孩子，她能"屈尊"吗？

"是的，我已经做好就读职业中学的准备。我认为，只要以后能有工作，做哪一行都是一样的。"她虽然这样说，我还是觉得不合常理。

于是，我看着她说："读了职业中学之后，就意味着，以后你会失去很多就业的机会。你可能去不了社会地位高、工资高的事业单位工作，也可能去不了环境相对较好的行业工作，也有可能意味着……有一天你会发现，虽然我们一直期望人人平等，但是，这社会就是分了三六九等，它就是不平等！因为你的学历不高，所以，你还是被定位为社会地位不够高的一类人……"我说这些话的时候，小心翼翼地试探着，观察着她的反应。

结果，彩儿就像我预料的那样，眼泪开始扑簌扑簌地流了下来。她哭着说："你怎么是这样的一个医生？！我刚刚做好了自己的思想工作，告诉自己以后做什么都可以的，只要快乐就好了！结果，你这样刺激我，你还是个心理医生吗？！"

我笑着说："如果你的内心认可你现在的决定，我怎么说，你都不会难过啊！我们暂时不要确定是否读职业中学的事情，先解决掉你抑郁的问题。之后，我们再讨论以后要读什么样的学校，可以吗？"

彩儿答应了我的提议，决定和妈妈一起做一个疗程的心理治疗之后，再考虑读书的事情。于是，我们有了以后的见面。

一家之主——彩儿奶奶

三天后的一个下午，彩儿一家如约来到我的治疗室。首先，我看到的是彩儿和她的父母这一家三口。知道奶奶要来，我好奇地问："奶奶呢？""奶奶在后面。"三个人齐声回答。几分钟后，我看到了这个奶奶，她有点儿消瘦，但是很"精干"。我们单位的楼梯阶梯比较高，对于一个七十多岁的老人来说，走上三楼一定会吃力的。但是，她上来后却没有明显地显露出气喘之态，她一米五的个子，脊背笔直笔直的，让我感受到了一股倔强和"刚强"，难怪这一家三口不用照顾她。我开始对他们之间的互动有点儿好奇了……

我坐在靠窗的位置，这是我感觉比较舒适的位置。我的前面是沙盘，围着沙盘三面有三个凳子，今天要多放一个凳子。

我首先坐在自己的位置上，然后告诉他们，自己选择自己想坐的位置，结果是：彩儿的妈妈坐在我的对面，她的爸爸坐在我的右前面，彩儿坐在我的左前面，而奶奶，坐在彩儿的左后面。当我在整理这个治疗过程的时候，才发现这个座位的绝妙之处，稍后加以分析。

"我们今天按照之前的商定，做家庭治疗"听完我的开场白，这一家人都点着头，"我希望你们每一位都能体会下现在的位置，感觉是否舒服呢？"

尽管这样说，我也只是在试探，令人欣喜的是，这个家庭真的开始行动了，大家都在感受、思考。最后，彩儿和奶奶更换了位置，他们认为，这样比较舒服，我问为什么，他们说奶奶是"家庭里的长辈"，家庭治疗时应该坐前面。问题慢慢开始呈现了……

我转向奶奶，问她是否想让孙女尽快好起来，奶奶的眼泪立刻流了下来。"想，想，"奶奶哭着说，"我的文化水平低，不知道怎么办，孩子病了，希望你能帮帮她。"

"为了孩子好，作为奶奶，你愿意做任何事情，是吗？"我小心翼翼地问。

"是的，我愿意。"奶奶昂着头。

"既然你来了，如果我们在这里要治疗好你孙女的病，需要你做一些改变，你会乐意。是吗？"

"是的。"

"那么，如果我们在这里发现，你也有一些问题可能导致你孙女生病，你也愿意努力地面对和接受，是吗？"这是我的直觉。

"是的。"她很坚决，我感受到了自己身体的放松。

那我就先从了解"一家中的长辈"开始吧。彩儿的奶奶七十多年前出生在那个很穷苦的年代。那时候，孩子的出生率高，但存活率低，同样的，因为女人生孩子的营养不够，以及医疗条件落后，产妇的死亡率也很高，彩儿奶奶的妈妈就是产后去世了。彩儿奶奶的爸爸也在彩儿奶奶三岁的时候，因为疾病离开了人世。我猜可能是因为医疗条件和家庭困顿、营养不良的问题所致。现在看来，可能是一个很普通的疾病，在那个年代，却有可能夺走一个人的性命。彩儿奶奶后来被她的爷爷奶奶抚养。爷爷奶奶也有七八个孩子，最小的孩子，也就是彩儿奶奶的一个叔叔，只比彩儿奶奶大两三岁。正是这个叔叔给了彩儿奶奶一些帮助，才让她在那么多孩子吃饭的时候，不至于被其他的孩子抢了米饭。米饭只有那么多，孩子们总是很饿，这个没有爸妈的孩子的米饭常常被其他的男孩子贪婪地盯着……

彩儿奶奶只读了一年小学就辍学了。那时候，农村的孩子白天读书，放学后还要上山砍柴，烧灰给生产队交肥料，赚工分，而且在年底之前，一定要完成被分配的工分，才能分到粮食和其他的农产品。很多孩子觉得很累，大人也觉得，女孩子长大了是要嫁人的，学习没有什么用处，还要花钱、还影响赚工分，于是，一批批女孩子在家庭负担面前选择辍学，彩儿的奶奶就是其中的一个。今天，彩儿奶奶在叙述自己的经历时，不断地说自己没有文化。可见，这没有文化成了她一生的遗憾。

"如果爸爸妈妈没有去世，也许你就不用做那么重的农活，也就不用辍学了，对吗？"我轻声问。

彩儿的奶奶犹豫了一下，沉默了一会儿后点点头说："也许是的，有爸爸妈妈在，可能我就不用干那么多的活，还可以读书，像我其他的叔叔、姑姑们那样。"她的眼泪又流了出来，像个委屈的孩子……

"这也是你期望彩儿能好好读书的原因吗？"有这样的奶奶在身边，彩儿没理由不承载奶奶潜意识里的愿望。

"是的。"

接着，彩儿的奶奶告诉我，在她二十岁出头的时候，她的一个朋友带她去见了后来成为她丈夫的男孩。他是个高中毕业生，家里更穷，住在大山里头，她不顾爷爷奶奶的反对，嫁给了他。因为她觉得，他很有文化。说到这里，她竟有一丝儿腼腆。

"如果你的爸爸妈妈那时还在，会不会让你嫁给这样的人家？"我试探着问。

"不会。"奶奶肯定地说，"他家真的很穷啊！"

"爷爷的脾气怎么样？"我试探着问。

"还可以，有时候会急躁。"奶奶有点儿不好意思，但是，她旁边的儿子、儿媳却补充道："彩儿的爷爷很急躁，经常会对奶奶发脾气。爷爷结婚后还因为家里穷去外打工，做了一些挑夫、伐木工之类的苦力活。后来，因为他是村子里唯一的高中生，而且学习很好，就被他的老师推荐到当地一所初中学校做民办老师，之后，转为了正式职工。他们两个经常吵架，其中一个主要原因就是因为奶奶太节省，即使爷爷做了老师，奶奶也因此被招进学校食堂做饭之后，她仍然一边照顾爷爷的饮食起居、照顾孩子，一边还自己种菜卖菜补贴家用。奇怪的是，奶奶赚的每一分钱都不舍得花，一分不留地交给了爷爷。"我感到十分惊叹，这是一对什么样的夫妻呀？！彩儿妈妈告诉我说："听人说，彩儿爷爷曾经打过奶奶几次，打得特别狠。"

"只有三次。"奶奶争辩道。

"为了什么？"我问道。

"因为爷爷喜欢在学校打球。回来后我要帮他洗衣服，我想早点儿洗衣服，因为早上四五点就要起床做事，所以，我催他快点儿洗澡，他经常嫌我啰唆，就发火打我。"奶奶辩解道。

"别人告诉我，家公打她，好像要打死她的样子。"彩儿的妈妈补充道。

在奶奶那么辛苦干活的情况下，爷爷还在学校打球；因为要给他洗衣服，嫌弃老婆啰唆就狠狠打，这爷爷的心里到底对自己的妻子有着什么样的感情？

"如果你也读过高中，你的老公绝对不会这样对你，是吗？"我再次试探着问。

"是的。"奶奶又一次昂着头说。

"是的。"我的心里也说。

"不过，我们现在的关系好多了，我们在一起的时候，他也不会经常对我发脾气了。"奶奶再次辩解。

奶奶是彩儿出生之前就来到儿子家的，理由是儿子、儿媳上班辛苦，下班后没有饭吃，爷爷就说服奶奶来广州照顾他们，这一照顾，就是十七年。每年的寒假、暑假，爷爷奶奶才有机会团聚。彩儿出生后七个月，妈妈说要断奶，奶奶就强行把彩儿抱到自己的房间和她一起住，说是为了彩儿的妈妈休息好，也好给孩子断奶，这一住就是十六年。这十六年，彩儿和奶奶的关系越来越亲密；这十六年，奶奶有好几次想回家和丈夫团聚，最后都因为离不开彩儿，彩儿也离不开奶奶，而不了了之……

"这样说，好像彩儿更像是奶奶的孩子。"我再一次小心翼翼地说。

"是的，是的。"彩儿的妈妈急了，"别人都说，彩儿好像是奶奶的孩子，她更听奶奶的话。"

我转向奶奶，问奶奶，对于她本人来说，在这个世界上，谁最重要。

奶奶指着大家说："儿子、孙女最重要，儿媳也重要。"

"对你来说，谁最最重要！"我逼问奶奶。

这次，奶奶静下来了，想了想："我老公最重要。"

"再想想。"

奶奶突然吃惊地说："应该是我最重要吧？！"

"如果没有你了，你就看不见你丈夫了，也看不见你的儿子、孙女、媳妇了。是的，你最重要。"我肯定地回应她。

"那么，如果你最爱自己，现在，你闭上眼睛，好好地问一下你的心，你最想和谁在一起？"

"和我的丈夫在一起。"稍稍感受后，她坚决地说。我心里感叹道，这是一个多么聪明的老人！而这个老人，在这个家庭里硬朗、精干，其气场胜过真正的女主人——胖胖的，无精打采的彩儿的妈妈。

最后，我面向真正来治疗的彩儿，和她一起分析了她的家庭，告诉她，在现实生活中做了奶奶的孩子，她不但承担了父母的期望，同时，更承担了奶奶的期望。一定要学习好，有可能不是她内在的声音，所以，她压力很大，她害怕失败；所以，每次发病都是在大考之前。同时，彩儿也要看到，她和奶奶就像母亲和孩子没有分离一样，如果这样，她的内心会容许她考上好的学校吗？因为那样，她就可能面临着和奶奶（母亲）的分离，她没有做好分离的准备，所以，她的内心难以发动她所有的力量继续读好书。

如此艰难的一次了解和治疗后，我发现，彩儿是带着些许的快乐和轻松离开治疗室的。

我不知道，这次见面会给彩儿的奶奶一种怎样的刺激……

彩儿的父母

起初，我以为这是一家三口的问题，虽然上次见面，我把问题的症结绑在了奶奶那里，事实证明，我错了。虽然我这次预约的人是爸爸妈妈和彩儿三个人，但是，奶奶的又一次到来，纠正了我的治疗方向。

体验了刹那间的尴尬之后，我欣然邀请这一家四口进到咨询室。妈妈首先解释了为何奶奶还要来。她说，十几年来，这个家所有的家庭活动基本上都有奶奶的参与，爸爸从来都不会因为妻子的反对而让奶奶一个人在家的。

彩儿妈妈当着家婆的面说自己的丈夫"没有断奶"，不知道奶奶是假装没有听见，还是听不懂我们的谈话，她不做任何表示，彩儿也没有任何的表示。一个说话没有分量的女人，面对的是冷漠的三个人。我的感受确实不是太好，但还是对这一家人充满了好奇。

我问彩儿的爸爸，对于妻子的说法有什么想说的。他说："中国人的传统就是这样的，要孝敬父母！"

我问彩儿的妈妈："你和你的家婆相比，你的丈夫更听谁的话？"

"更听我家婆的。"彩儿妈妈嘟着嘴巴说，"在我们结婚不久，有一次，我的家婆对我有意见了，她很强硬地说'我要让我儿子和你离婚'！"彩儿妈妈有点儿哽咽……

"那你老公怎么表态呢？"我好奇。

"他总是不说什么。"彩儿妈妈继续流泪，她说，"彩儿和爸爸都很听奶奶的话，唯独不听我的话。""奶奶把家里的卫生搞得很干净，反复地搞卫生，她对大家的要求都很高，家里一定要干干净净。彩儿爸爸和奶奶也都是一样的急性子，而我总是慢腾腾的，奶奶说话的声音也很大，所以，我的家常常会听到他们埋怨我的声音。"

"但是，现在彩儿爸爸开始变了，"彩儿妈妈的脸上有了笑容，"自从孩子病了之后，他不再总是说工作忙了，还能安静地陪着女儿了，不那么容易发脾气了。"

"是的，"彩儿爸爸插话说，"自从女儿病了之后，我想了很多，觉得现在一家人健健康康就好。工作远远没有我的家人、孩子重要！现在，即使是开车，我也不会像以前那样动不动就'路怒'了，我确实改变了很多。"

看来，彩儿的抑郁症，给了这个男人很大的刺激和改变。

"这是你的女儿生病这件事为你们家做的贡献。"我插了一句，大家沉默。

"这么多年，我的丈夫也改变了很多。"一直沉默的彩儿的奶奶，也边思考边说道。

"这是你儿子为你和你的丈夫所做的贡献！"我感叹道，"你儿子把你和你的丈夫分开，你们就不会整天吵架，你也不会被丈夫打，或许还让你避免了你和你丈夫离婚。你的儿子，以把你们夫妻分开的方式，维持着这个家。"

我再转向彩儿的父母："同样的，你们的女儿好像也在牺牲着自己，以不离开家的方式，以生病的方式牵连着你们的这个家，让它不会分裂。"

我让彩儿站起来，站在墙角，背对着我们大家并闭上眼睛，我问彩儿："假如你现在就要考上好的高中了，你的后面是你的家人，你好好感受一下，到底是什么让你不能安心地往前走？"

彩儿感受了一下说："是爸爸和妈妈。"然后，她转过来看着她的父母："我害怕爸爸和妈妈离婚。"

爸爸还是那么淡定，妈妈却很吃惊，她问女儿，什么时候觉得父母会离婚的？他们一直没有说离婚的事情啊！彩儿显然回答不了妈妈的问题，她茫然地看着自己的父母。

妈妈突然失控地边哭边说："是的，我曾无数次想和丈夫离婚，我觉得，这个家有我和没有我都一样。"

待她安静之后，我请她讲述了自己的成长史，于是有了以下的信息。

在彩儿妈妈三岁的时候，因为家里欠债，爸爸一念之差偷了别人家的牛准备卖，结果被人抓住了，一头牛换来爸爸十年的监狱生涯。因为生活困顿，实在坚持不下去了，妈妈带着一岁的妹妹去了一个较远的地方打工。后来，爸爸妈妈离了婚，妈妈带着妹妹改嫁了。

"我永远都忘不了，七岁那年，我一个人住在一个破旧的家里，妈妈一个月只给我三十元钱的伙食费。我既要上学读书，放学后还要自己买菜做饭，晚上一个人用被子把自己捂得严严实实的，缩在床上的角落里睡觉的情景。我怕坏人破门而入、怕老鼠、怕有鬼……一个人生活了很多年，直到我坚持读完了高中，毕业后我就到工厂做工，一线工人工作很辛苦，工资也很低，于是我开始自学，经过努力拿到了会计专业的大专文凭。"

"你想要的生活，就是不在底层干苦力，追求既轻松又能赚钱多的工作，是吗？"我问。

"是的！"彩儿妈妈回答。

"这个我早就发现了，是妈妈给了女儿很多的期望和压力，要女儿在学校一定要努力学习，考出好成绩！"彩儿的爸爸插话道。

"不但是妈妈，还有奶奶。"我强调说。

之后，我再次面对彩儿："我感觉你并不是为了自己而活，你身上承担了太多的东西，当然很辛苦。"彩儿看看奶奶，又看看父母，悠悠地说："我想要过我自己的生活……"

在之后的一个月里，彩儿的爸爸开着车带着彩儿的奶奶游历了广州很多的风景地，再之后，奶奶把自己这么多年来在广州的所有家当打了包，回到了自己的家乡。

彩儿的爸爸回家后，还和彩儿的爷爷做了一次深谈。

彩儿继续在另外一个心理医生那里做心理治疗。

彩儿的妈妈来我这里做了十多次的心理治疗。

当送走了彩儿的奶奶之后，彩儿妈妈很高兴。她说，这么多年来，她现在才觉得自己有个真正的家，现在她才知道自己也是个不错的家庭主妇，现在她才真心地想孝敬自己的家公家婆……

彩儿的妈妈评价彩儿的爸爸，说他现在是个很不错的丈夫和父亲——我在这个女人的脸上，看到了幸福。

再之后，彩儿去了一家私立学校读高中，学习成绩良好。

行为古怪的孩子背后的家庭

胖墩读小学六年级，是学校里出了名的"霸王"。胖墩来到我的治疗室，谈及自己的"霸王"称号，表现得既得意又尴尬。

当我和胖墩交流了一段时间之后才发现，胖墩有他自己的一套看人待事的理论，有他自己做人的基本原则，也有他"暗恋"的女孩子。胖墩对我说："我打过很多男孩，但我坚持'人不犯我，我不犯人！我也从不打女人。'"就凭这两点，我当即向他表示很欣赏他，也会时刻和他站在一起。

曾经有个家长带着孩子来看我一次之后，就再也不带孩子来了，她向介绍他们来的我的朋友投诉说："我们搞不定孩子，带着孩子来找心理医生，结果党医生总是站在孩子的一边。"我除了反省自己在治疗中的问题之外，很想对家长们说：大多来到心理咨询室的孩子，基本上家长和老师都做了很多的工作。如果心理医生再和家长、老师站在同一条战线上，那孩子们要有多强大才能面对这么多的"同谋"啊？！那孩子还能"搞定"吗？！

心理医生并不比老师、家长们聪明能干，只会在咨询室内找最合适的方式和孩子们共处，甚至和孩子一起和家长"对抗"（其实这是一个共情的过程），还要小心翼翼地陪伴着孩子寻找真实的自己，并且为了真实的自己的愿望去做计划、去实施行动。让孩子强大起来，成为一个能自主、自觉地成长的孩子，是心理医生的愿望，难道不是家长们的内在愿望吗？

话题再回到胖墩那里。胖墩刚来我这里的时候，称呼我为"老师"，和我聊天还有所保留。

随着交流次数的增多，胖墩的话开始多了，和我无所不谈，包括他是如何为弱势的同学打抱不平，包括老师如何误解自己，包括他是如何以看书来约束自己的情绪，反省不能控制情绪给自己带来的不利影响，以及让他无限骄傲和自豪的他的妈妈对他说的话："你是一块还没有雕刻好的玉……"

像胖墩这样的学生，对于我们每个人来说都不陌生。今天，当我和这样的孩子做更深层的交流的时候，我才发现，这样的孩子有很多难能可贵的品质。拿胖墩来说，由于胖墩的父亲是一个不会和别人交流的、不会表达情感的男人，在这方面没有给胖墩做一个好的榜样，但胖墩努力地在这方面做一些思考和尝试，在尝试中努力地维护着自己的尊严。

尽管胖墩很努力，但是，他骨子里还是那个"不会表达"的孩子！再加上有个聪明伶俐的弟弟很会博得爸爸、妈妈的厚爱，常常让胖墩失去表达自己的机会。他逐渐知道了，只有在脾气暴躁地表达自己的愤怒的时候，别人才会在乎他想说什么、想表达什么。

在学校，因为胖墩太胖，活动不方便，同学们常会欺负他；因为太过耿直，信任别人，他也常常被一些脑瓜灵活的学生利用，着急之下，他常以自己的大块体形的优势维护自己的自尊。而这，绝对不是老师所期望的。

在学校，老师对于一个学生的态度，往往会引导其他孩子对于这个孩子的态度！突然想起自己读书的时候，一直以乖孩子著称的我，在不同的阶段是如何成了老师们的"帮凶"，去有意无意地伤害那些学习不好的孩子的自尊！现在看来，每一个心灵都是那么珍贵，珍贵到你不能用你有限的智商和情商去分析、了解。你，只有去尊重。

由胖墩的故事引出的是昊宇的故事——

几次家庭治疗之后，昊宇开始做个人治疗。一天，他在沙盘上摆放了两个沙具：被半埋在沙子里的两个哆啦A梦。

我让他看着沙盘中的场景，仔细体会自己的感受。开始他说："很好啊，没有什么感觉啊！"我再次让他静静地看着它们，感受它们。

过了一会儿，我看他盯着左边的那个哆啦A梦，我问："左边的那个哆啦A梦的感觉是什么呢？"他说："它感觉很闷，感觉被埋着不舒服。"

很多人不理解什么是"催眠"，此刻，昊宇已经被催眠。催眠不是让人睡觉，而是在催眠师的诱导下，将一个人的思维、情感"限制"在一定的时间、空间内，在这个空间内，来访者的思维、想象、情感能做充分的发挥和宣泄，就如我们看电视的时候，随着剧情的发展，我们会跟着剧中人一起喜怒哀乐一样，这些表现就是被"催眠"了……

昊宇的这种感觉，来自于他的内心，这就是沙盘游戏的优势。来访者一旦接触到沙子，一旦拿起他有"感觉"的沙具，就能立刻进入他的潜意识中，也就是他内心真正的"场景"中。一个不"笨"的男孩子，如果他有"被埋"的感觉时，他会有怎么样的反应呢？

对了，忘了介绍，昊宇的病症是强迫性地反复做一些事情。比如，自己感觉到被不喜欢的人碰到后就反复地洗手；感觉自己的家有别的不喜欢的人进入，他就不从门口进，而是一定要翻墙而入；他还不愿意上学，即使勉强上学，一有机会就要跑到学校外面游荡……

父母觉得昊宇的行为不可思议，于是，带他来精神病医院看病，接着就是被要求服用一些抗精神病药，但是，效果不佳。于是，十五岁的昊宇就被精神病医院的医生转介过来做心理治疗。

在了解昊宇的家庭背景的时候，我不断地觉得"不可思议"。昊宇家现在的家庭成员是：昊宇、哥哥、父亲、母亲、爷爷、奶奶、姑婆（也就是爷爷的姐姐）。这个家庭组成有点奇怪，就是多了一个"姑婆"！昊宇的爸爸告诉我，昊宇的爷爷有两个姐姐一个妹妹，他们很小就失去了父亲，于是，在那个大家都吃不饱的年代，作为大姐自然就无法读书，辍学在家务农，帮妈妈一起抚养几个弟妹。当大弟也就是昊宇的爷爷长大结婚之后，家里的日子仍很艰难。一个偶然的机会，昊宇的爷爷去了香港打工，昊宇的姑婆也找到个机会去澳门打工，他们家的日子才逐渐好转起来。那些年，昊宇的姑婆一直靠自己的埋头努力支撑着这个大家庭的生活，看着一个个弟妹结婚、生子。

有一天，当她突然注意到自己的时候，发现自己已经是个大龄青年了，这时候，想找个好人家嫁了自己已经很难了。同时她还发现，她已经和这个大弟弟的家庭紧紧地连接在了一起。她不断地赚钱给这个家，从弟弟结婚生子到盖房子，再到支持弟弟的孩子读书，她俨然已经是这个家庭的一分子了。多年之后，昊宇的爷爷被发现在香港还有一个家，并且生了儿女，由于他们照顾孩子有困难，于是，姑婆又去香港帮着抚养弟弟另外的孩子……

"乱！"听到这个故事，我的第一反应是这样。

可是，昊宇的爸爸说："怎么乱呢？一点都不乱啊！我们的家很和谐啊！"

"一点都不和谐！"在一旁的昊宇冷不丁地来了一句。在我的鼓励下，他继续说，"奶奶和爷爷很少沟通，而且常吵架，还住在不同房间里。爷爷对于家里的事情很少管，自己玩自己的，家里所有的事务由奶奶一手掌管，包括请保姆的事情。奶奶很啰唆，她不快乐！"这个十四岁，身高大概一米五五的孩子，对于家里的情况清清楚楚。

"姑婆呢？"我问。

"姑婆一个人住在一楼一个单独的房间，每天烧香拜佛，说是这样能保佑我们全家。"

"姑婆为了这个家做了很多的贡献。现在，还烧香拜佛保佑大家。你觉得，姑婆能离开这个家出去住吗？"我问昊宇。

"不能。"他小声地说，好像并不是很爽快。

这时，昊宇的爸爸插话道："我和我妈妈的关系一直不是很好。从小，我妈妈很少关注我们、照顾我们，反而是姑妈（也就是昊宇的姑婆）照顾我们最多，所以，我和姑妈的关系好过和妈妈的关系。"

其实，我感觉到了昊宇的爸爸对于治疗并不是很接受，一直在冷静地看着我。相反，昊宇的妈妈却对于心理治疗抱以希望。在这种情况下，能工作多久，就看彼此的缘分了。

"从哪些方面，你觉得妈妈不关注、不重视你们呢？"我问昊宇的爸爸。

"妈妈整天只是做饭、赶工，很少关心我们，只有姑婆经常照顾我们。爸爸妈妈一吵架，妈妈就回我外婆家去了。"昊宇的爸爸像个孩子一样，噘着嘴巴。

"姑妈怎样关心你们呢？"

"她经常和我们聊天，关心我们的生活。"

"好像你们家该是女主人做的事情，由两个女人共同承担了哦！"我看着昊宇的爸爸说，"在那个年代，你们说说，是让孩子们能吃饱活下来重要，还是关心孩子们的情感重要呢？"

"当然是活下来重要吧！"昊宇的爸爸犹豫着说。

"所以，姑妈在做妈妈顾及不到的事情，是吗？"我问昊宇的爸爸，"妈妈没有选择，是吗？"

"也许吧！"昊宇的爸爸嘟囔着说，"可是，姑妈把她所有的收入都给了我们这个家。"

"是的，你觉得，这样的女人，心里有她自己吗？"

"没有。"昊宇插话了。

唉！这是一个没有自己的女人。她不知道当弟弟一旦结婚，这个家就不是她原来的家庭了。她努力地以经济上、情感上的全力付出维护着这个家，实质上却在分享着这个家女主人的身份。甚至"夺取"了昊宇爸爸和他的妈妈的母子亲情，昊宇的妈妈有苦难言啊！

所以，昊宇只能以"啰唆"来宣泄，以"回娘家"表示不满。可是，她没有完全彻底地反抗。毕竟，这个家里的"第三者"帮她分担了很多的压力啊！她何尝不是又一个没有完整自己的女人呢！

奥地利精神病学家阿尔弗雷德·阿德勒曾讲过："没有一个人是住在客观世界里的，我们都居住在一个各自赋予其意义的主观世界里。"

昊宇的姑婆、奶奶无一不是这样的。昊宇的爸爸告诉我，也正是因为他们的奉献，他从来就没有"叛逆"过，他一直都很乖，他始终以不离开家、赡养老人为己任。在这样的家庭里，老一辈们的道德规则，势必让"压在山下面"的后辈们倍感压力……

现在，我们来看看处于这个家庭最底层的昊宇和他的哥哥。昊宇的哥哥木讷少语，对于家里所有发生的事情都会说："没有感觉！"这个男孩，以沉默和超脱应对来自这个家庭的复杂环境。我的预感没错，昊宇的哥哥告诉我，他一定要考取大学，而且他想考取外省的大学，假如他能考上外地的大学，离开广州的那一刻，他会倍感轻松的。这样，这个家庭势必要留下一个孩子，那就是昊宇。昊宇聪明伶俐，他和这个家庭里最"弱"的奶奶感情亲密。同时，他还获得了很多来自姑婆的溺爱，来自一个"无力"的妈妈的牵扯……昊宇离不开这个家。所以，以前的昊宇学习好，是本来的他自己，而现在的他学习退步就极有可能是家庭互动的结局了！

我注意到，在两次家庭治疗过程中，当我谈及他们家的两个女人都"没有自己"的时候，昊宇的妈妈抑制不住地流下热泪（以后需要单独约见她）。

昊宇最近逃学，不愿意去上学，要考篮球学校去打球。眼前的昊宇戴着近视眼镜，十五岁了个子还不到一米七，爸爸说，他的球技也一般，可是，昊宇执意要去那种专科学校学习，这也是昊宇妈妈和爸爸希望我帮他们和昊宇沟通的一个问题。

"在你们的家庭环境下，你以前的选择可能是在无意识中选择的一条很难成功的道路，因为最终，你都有可能回到你的这个家庭里来，像你的父亲一样承担起这个家庭！原因是和哥哥相比，你的情感和这个家庭的联系更紧密。所以，这个重担自然而然就落在你的头上了。回到这个家庭后，你可能有两个选择：一是另外创业，一是继承父亲的工厂（爸爸是工厂老板）。

所以，现在你要决定：你是要成为真正的自己，将来离开这个家，选择自己喜欢的道路去走呢，还是选择一条很难的道路，最后还是因为考不上学，或者其他原因而回到这个家庭呢？"

"我要成为我自己！"昊宇不假思索地说。

"那么，你就要评估，你选择的篮球学校，将来你成功的概率有多大？"

"是的。"

"我也要成为我自己。"在一旁的昊宇的哥哥也说。

"那请为你们自己的生命负责。"我坚定地说，两兄弟用力地点点头。

几个月后，昊宇妈妈告诉我：昊宇还是执意去篮球学校读书，父母已经妥协。我说：那就祝福他吧！

抑郁了的高三女孩

渴望阴阳平衡的父亲

今天，我想再讲一个和昊宇的故事相似的故事。不同的是，这个故事的主人公是个女孩儿，我们叫她潇潇。潇潇十七岁，高三学生，外省人，她的家乡距离广州有七八个小时的路程。妈妈通过网上的资料联系到我，并在一个细雨蒙蒙的下午，和潇潇的爸爸、潇潇三个人来到了我的工作室。我很吃惊，在看到他们之前，我预设如果是一家子过来，他们应该是带着潇潇那个两岁多的弟弟一起过来，但是没有！潇潇的弟弟被留在了家里，由保姆带着……

当时，潇潇一出现精神异常——情绪低落、有自杀欲望和妄想症状，潇潇的妈妈第一时间想到的就是去首都北京去给潇潇看病。北京的精神科专家诊断潇潇为"抑郁症"，第一个专家给潇潇开了"奥氮平"治疗，服药不到一周，潇潇的症状缓解，潇潇的妈妈就自作主张地减少了药量，因为服用这种药物，会有嗜睡、反应迟钝、肥胖等明显的副作用。潇潇妈说，女儿肥胖她不怕，怕的是影响学习。可没想到，药量减少后潇潇的疾病再次发作了，潇潇爸妈就又一次带着潇潇去了北京，找到了另外一个专家，又在原来用药的基础上加了一种抗抑郁药。第二个专家说，潇潇服药大概一周后会好转，然后再调药，结果，潇潇服药三天后症状就好转了，潇潇妈开始怀疑，是不是服药的方案有问题了，为什么医生说一周才起效的药，三天病就好了呢？

她通过网上资料找到我，想看看心理治疗有没有帮助。而他们没有告诉我的是，在做心理治疗的第二天，他们又去看了广州的一个精神科医生。广州的精神科医生推荐的药和前两个医生又不一样。

当天晚上，潇潇爸妈又一次买了去北京的飞机票，想再多看一些精神科医生，她要给女儿的疾病找一个确定的治疗方案……

和很多精神病患者的家庭一样，一个至亲的家人突然成了精神病患者，全家人都处于混乱状态。

潇潇的爸爸是个公司老总，妈妈是家事业单位刚上任的一把手，潇潇一直是学校里的佼佼者。

两年前，他们家里又多了个新成员：潇潇的弟弟。事业有成、有房有车、儿女双全，本是令多少人羡慕的家庭啊！

本来，潇潇的爸爸妈妈终于可以松一口气，好好享受目前的工作和生活了，可是，突然间面临高考的女儿生病了，而且是精神问题！这让潇潇的妈妈彻底地慌乱了。于是，才有了不断去北京、下广州的折腾。不过，这折腾，在一定意义上可以缓解潇潇爸妈的焦虑……

回到第一次的治疗过程。

三个人来了之后，我把潇潇妈妈给我的看病资料放在一边，并让他们三个人各画了一张曼陀罗画。结果，他们的画引起了我的兴趣。

在妈妈的画里面，有两个地方被涂擦了，看得出妈妈竭力想画好（认真或者执着）。画中突出的是中间那头大象。妈妈说，她感觉自己就像大象一样，背负着太多家里的、工作的责任。而我也看到了在画亲子关系的时候，她只画了她自己一手牵着一个孩子的画面，没有爸爸出现。妈妈把父母关系画在右下角，父亲有个大大的肚子。她解释说，她的爸爸不但是家庭的、更是一个大家族的顶梁柱。他为了自己的家人、家族付出了很多；她的妈妈一辈子唠唠叨叨，很强势，父亲包容了她一辈子。现在父亲已经离世，母亲还健在。潇潇妈妈画的亲密关系，是她依偎着自己的丈夫。她说，她故意把丈夫画得高大了，希望他能承担更多的责任（现实中她的丈夫并不比她矮小）。潇潇妈在我们探讨她的画的过程中，不断地埋怨潇潇的爸爸管孩子不力，不会做饭，说这个男人做事总不能让她放心。

"你的父亲因为什么原因去世的？"我问，"脑出血。去世之前，他已经老年痴呆了。"潇潇的妈妈回答。

在潇潇爸爸的图画中，他画出的所有人物都是个"大肚子"。他的亲子关系是自己一手牵着一个孩子；他的个人意向是一个大肚子男人在打坐；他的个人追求是一幅太极图，他说，他追求阴阳平衡。

"你感觉到哪里不平衡了呢？"我问潇潇的爸爸。

"我也说不清，也许是我和妻子吧！我希望妻子不要那样强势，觉得她做什么事情都是对的。关于教育孩子，我根本插不上手。家里什么事情都是她说了算！"潇潇的爸爸说。

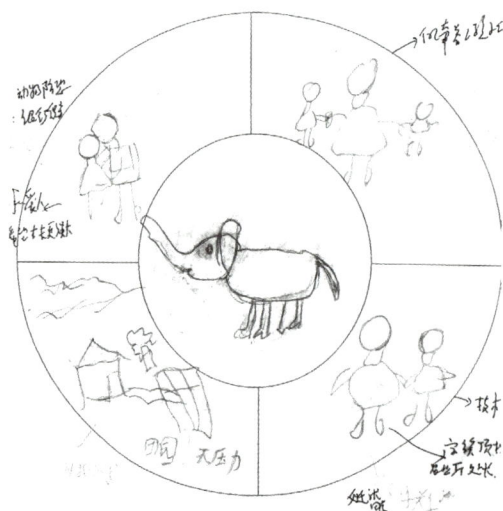

潇潇妈妈的画

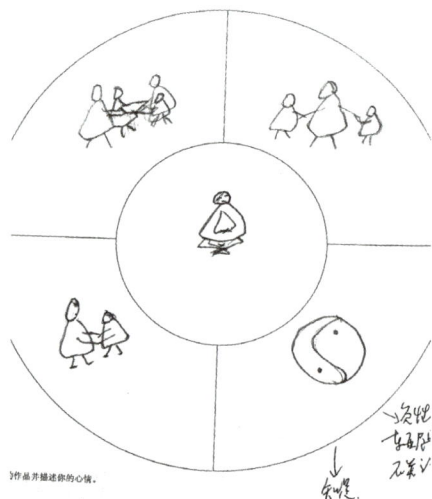

潇潇爸爸的画

"我想听你的啊！可是，你怎么带孩子的？你去接孩子，把孩子留在半路上自己回家看电视，你做事，能让我放心吗？"潇潇的妈妈很生气。我发现，潇潇在旁边低声争辩说，是她自己下车的，大有替爸爸争辩的倾向。可是，潇潇的妈妈好像并不愿意听她的解释。

潇潇的爸爸说，当时，他和潇潇在一件事情上有不同意见。争论时，潇潇赌气在车子慢行中下了车。当时，他很生气，内心觉得这个孩子的教育出了问题。但是，自己又想不到更好的教育方式，只能眼睁睁地看着孩子不顾大人的感觉。我行我素。他现在还眼睁睁地看着妻子为了女儿能有好的成绩而不顾自己的丈夫和两岁的儿子，单独带着女儿居住在距离女儿学校比较近的地方。"我的内心感到很悲哀，看着女儿除了学习什么都不关心；妈妈的眼里除了女儿的分数，没有了其他重要的事情。你看看，一个已经十七岁的女孩，天天在父母面前规规矩矩的，连吃饭夹菜都畏畏缩缩的，不敢有丝毫放松！这样教育出来的孩子有啥用，迟早有问题。我本来想让她读了大学之后再学习'国学'（目前，国内正在流行一股学习中国传统文化之潮流）。现在看来，我错了，还没来得及读大学就出事了……"

"我们现在的学校，已经成了一个驯养精神疾病的地方。"我突然想起最近在微信中疯传的一篇文章，心里一阵悲哀。当潇潇走进我的工作室的时候，我就发现这个女孩十分地拘束，坐下来的时候，身体绷得紧紧的……

我们分析的结果是：潇潇的妈妈对潇潇应该适当地放手了，她需要把更多的精力放在年幼的老二身上和自己的工作上。一家人不要再分开，各自承担自己要承担的责任。潇潇的妈妈目前一心在大孩子的升学考试上，不但忽略了幼小儿子的管教，更忽略了做妻子的义务；而潇潇的爸爸，则需要承担更多的陪伴大女儿的责任，以此来减轻自己妻子的负担……

"以前我可以放手，但是现在孩子已经生病了，我不放心他照顾我的女儿，我还是要管女儿。"潇潇的妈妈好似不服气，我将目光投向潇潇和她的爸爸。

"我不需要你这样照顾，我可以管好自己。"潇潇反驳妈妈，"妈妈，你应该相信我。也应该相信爸爸。我们每个人都不同，你怎么能承担我们大家的幸福呢？"潇潇反抗着妈妈，虽然声音明显地不够自信。我也看到，潇潇的话丝毫也打动不了妈妈。

"孩子已经被你管成这样了，这样的孩子，除了成绩还有什么？"潇潇爸爸看起来是在指责潇潇妈。但是，言语同样的软弱无力，呈现出这个男人在妻子面前的不自信。

"如果你能照顾好孩子，我都不用这样操心了。"潇潇妈妈又一次情绪激动，诉说着爸爸之前不负责任的种种行为……

"你觉得，潇潇爸照顾不好孩子的主要问题是什么呢？"我问。

"一，他做不了饭；二，孩子不听他的。"从漫长的指责中，潇潇妈妈艰难地总结出了这两点。

"这两点，你希望他哪一点做得好点呢？"我再问。

"第二点吧？！还是我做饭吧，我知道孩子们的口味。"潇潇妈略有犹豫。

"我觉得，你丈夫在孩子面前和在你的面前同样没有威严。妈妈都无视一个男人的威严，孩子们怎么能听他的话呢？就像我们所看到的动物世界的老虎群、狮子群、猴子群，如果雌性动物什么都说了算，雄性动物还能有威严吗？毕竟，雄性的力量总是大过雌性的。人类也是动物，同样敬畏的是力量。有了敬畏，才有秩序。"我看着潇潇妈妈，轻轻地说道。

沉默了数十秒钟，我再次看着潇潇的妈妈，问道："一个家里的男人的威严，要靠谁来支撑？"

"谁？我吗？"潇潇妈妈吃惊地望着我。

"你觉得应该是谁呢？"我把问题抛给了她。

当一个妻子强势的时候，丈夫在家里的地位就会受挫。他会觉得，自己可有可无。特别是当他退休之后，那么，"痴呆"可能是他的一种选择，也是一种逃避；更有甚者，是离开人世，彻底地逃避。

掩盖在症状下面真实的潇潇

当潇潇的爸爸妈妈决定在广州继续治疗之后，我介绍了一位心理医生给潇潇的妈妈做心理调节，潇潇妈妈欣然同意了。如果是一个家庭里多个人需要做心理治疗，最好由不同的心理医生来承担。

潇潇第一次进行个人治疗时，我建议她做沙盘游戏。于是，潇潇摆出了以下的沙盘图画。

左侧的大片草坪中间有几只梅花鹿。动物在沙盘中往往承载着一个人内在的动物本能的部分，潇潇把那些鹿隐藏在草丛之中，结合中下部屋子前生龙活虎的几个打拳的小孩子和在一旁念佛的孩子和隐藏在沙画中上茅屋前的樱桃小丸子，让我对潇潇的问题有了更进一步的认知：这是个隐藏在紧张外壳下的内在丰富的不简单的女孩。

潇潇和我分享起她的沙画：沙盘中左侧的草坪和右侧的大海，是潇潇最喜欢的。她说，看到这些可以让人放松。她觉得，自己一直以来不懂得给自己放松，结果适得其反，所以，以后要学会让自己放松。这次生病之后有一个好处，爸爸妈妈已经不给她太大的压力了，妈妈说，考上一般的大学就可以了，今年考不上可以复读，这样，自己应该放慢脚步了，适当休息一下再往前走。沙盘中下的孩子和左中磨米的老人，代表着自己和家人现在的处境：爸爸妈妈很辛苦地应对当下的"措手不及"，自己也在努力地治病。

来访者方向

治疗师方向

打拳和念佛的孩子

躲在树后面的小姑娘

躲在树丛中的鹿

"其实，我不是一个喜欢热闹的孩子。"潇潇看着这些孩子说。

我忍不住笑了："但你是一个不羁的孩子，对吗？"

潇潇愕然地看着我，我仍然笑眯眯地看着她。之后，她又仔细地看着这些孩子："你的感觉也许是对的！"她加重了一点语气："在我们紧张地备战预考的时候，老师反复地告诫我们，一定要按时怎么怎么，一定要注意什么什么，每天耳朵旁都是这些话。发病前那段时间，不知为什么，我突然想，为什么一定要按照老师说的怎么怎么，我偏不！于是，我晚上把作业本放在桌上偏不做，而且很晚才去睡觉。不但这样，我还故意在妈妈面前编一些自己和班上的哪个男孩子相好的谎言，说实话，我心里也确实对那个男孩子有好感。连续几天，我把自己的生活弄乱之后，我发现，我的情绪和思维真的不受控制了，很急躁，情绪忽高忽低，思维都有些混乱了……"

220

"现在看来，你的发病是一种长期压抑下的反抗，我可以这样推测吗？"我问。

"应该是的。"潇潇低着头，右手拨弄着沙盘里的沙子。

"一切都是你内心的那些不安分的念头在行动吗？"我指着那几个打拳的孩子、念佛的孩子，以及那个屋子前的小女孩说。

潇潇笑了："是的，我的内心应该有他们，只是以前不知道。"

"调皮捣蛋的孩子被压抑久了，肯定会出来舒展一下的，所以，她既然是你内在的一部分，你以后可要想办法照顾她了，你说对吗？"

"嗯，我知道了，我并不是别人看到的那种人！我的身体一直很紧张，就像我的大脑一样，是我自己让自己紧张起来的。其实，我并不完全就是这样的一个人。"潇潇反省着。

"所以，你是要活在自己制造的一个单一的世界里，还是要活在同时照顾自己内在本质的状态里，你要做个选择了，否则，你就容易乱了。"

"嗯！"潇潇点点头，之后她问我："我这次生病，是不是很糟糕的事情呢？"

"你觉得呢？"我问。

"我认识到不能这样绷得太紧了，欲速则不达，还没有到最后高考的时候，自己还有机会重新调整。"

"我现在吃药了。医生说，要吃比较长的一段时间，我可能会发胖。"她好像有点儿担忧。

"有些药物可能会导致人发胖，发胖是药物对内分泌的影响。虽然服用抗精神病药物并没有那么可怕，但是，和其他药物一样，所有的精神科药物都有副作用的。当然，并不是所有的人吃了药物都会有副作应。不过，一旦发病，就需要吃药，你就需要为你的发病负责，"我同情地看着她，"还有，我们每个人的一生，不是只有一个高考，我们还会不断地接受一次又一次的考验、竞争、淘汰，如果我们一直紧绷着，穷尽全力去应付这些战争一样的挑战，我们还有机会好好享受世界上那些只有你闲下心来才能享受的东西吗？比如，鲜花、美酒、美景、人世的情爱，等等。"

"那我还是先学会调整自己吧！我不想总是错过了那些美好的风景。"潇潇眯着眼睛笑着说。

结束语

要为自己的人生负责

今天，我们以雯雯的例子做个总结。

雯雯是个大专毕业生，刚刚失恋不久，情绪低落，并且已经失业了一段时间了。她感觉到，自己有一些心理问题，为了能够走出来，她像现在的很多年轻人一样，开始关注自己的精神健康，阅读了不少心理学书籍。和我谈及自己的心理问题的时候，雯雯会不时地、恰当地用上一些心理学专业术语。令我佩服的是，她已经触摸到自己的问题与性格和童年的创伤有关系。

在小学四五年级之前，雯雯一直是个活泼开朗的女孩子，学习成绩在班上一直名列前茅。大概在四五年级的时候，她的同桌——一位出了名的调皮捣蛋、家庭不幸的男同学，经常用评价她身体的一些言语刺激她，无论是在课堂还是课间，都对她动手动脚，这让她十分苦恼和难堪。

同时，那个男孩子的行为并没有得到惩罚，而被欺辱的对象——雯雯却遭到了同学们经常性的讥笑和讽刺。这也让她越来越自卑和内向。渐渐地，她开始离群，孤独，无辜地担心和害怕。这种情绪一直持续到她读初中、高中，甚至到大专毕业。她总是害怕以前的一些同校的学生把这件事情说出去，每次回家，总是害怕碰到以前的那些同学……多少年来，她一直对这件事情耿耿于怀。

一年前，在和男朋友谈恋爱的过程中，她还会时不时地谈及那件事情，并感到十分痛苦和易怒，男友终于不能忍受提出和她分手。她这才开始检视自己，看心理学书籍，最后来到了心理治疗室。

治疗时，我们分析了那个男同学行为背后的家庭原因，雯雯开始理解他。之后，雯雯谈及那个男同学时，无意间流露出对那个男同学目前的婚姻是否幸福的质疑和关注，醒悟到自己的内心也许并不讨厌那个男同学，只是不能认可自己内心或身体其实是愿意接纳那个男同学的行为的。她自己也觉得，她不能照顾自己的"马斯洛需求层次理论"的最基本的"生理需要"。

美国心理学家亚伯拉罕·马斯洛在1943年撰写的《人类激励理论》论文中，将人类需求像阶梯一样从低到高按层次分为五种，分别是生理需求、安全需求、社交需求、尊重需求和自我实现需求。

人类的社会活动，首先都是从最低层次的生理需求开始，一步步追求更高的需求，也因此带动了人类文明的发展。

现在，经过几次治疗后，雯雯开始意识到：她需要那个创伤。这就是这么多年来，她一直要"紧紧抓住"那个创伤不放的原因——她要严加管束自己。只有那样，她才能做到最好、做到优秀，得到别人的赞美（高层次的需求）！而她这个"需要别人的赞美"，和她的家庭渴望有个男孩子有关，与雯雯是家中的长女，而不是"长子"有关。

"我需要为自己的人生负责，因为是我自己内心的需要，让我抓住了那个痛苦不放。现在，既然这种痛苦已经影响到了我的生活，还让我失去了我心爱的人，我就要面对它，问问自己是否还需要它。"雯雯最后总结道。

事实上，无论愿不愿意，我们每个人都下意识地努力朝有利于自己的方向发展，雯雯也不例外。

就像前文中莲儿在治疗结束时所说："虽然我的今天离不开父母成长的经历和受家庭悲剧的影响；但是，自己追求完美的执着已经到了偏离常态的境界，自己给自己造成的痛苦，最终还是需要自己去承担。"

其实，对于每个来到治疗室治疗的来访者来说，当我们把造成今天不愉快的种种，从家庭、社会、文化的因素中剥离之后，来访者的困惑都会减轻很多。但是最后，每个人还是要承担起自己在成长过程中，无论是由于什么影响造成的性格中的缺陷，承担起这些缺陷给今天的自己造成的伤害。

心灵困难的解脱，只有在承担与面对中，才能走向征途。

每一次心理治疗结束的时候，心理医生都会觉得像经历了一场奇异的旅程，这旅程最终让医生的身心感受到最大程度的舒畅。而这舒畅，当然是和心理医生能陪伴他的来访者经历一段来访者带来的惊险离奇的故事有关。

一个家庭，纵有万般的曲折和磨难、万般的纠结和痛苦，最后，你都可以看到人性中美好的关爱和力量。所以，每一次的心理治疗，对于心理医生来说，也是一个滋润自我生命的过程！

瑞士心理学家卡尔·荣格说："每件促使我们注意到他人的事，都能使我们更好地理解自己。"我不否认，心理治疗生涯让我成长了很多。同时，人世间的苦难和甜蜜美好，也让我的内心更加的丰富，心境更加平静。今天，当我为了精神心理的宣教写这些工作手记的时候，我难以记录完整的治疗过程，只能大概地做一些记录和体验。心理治疗过程中很多惊心动魄，或者说是荡气回肠的一些场景，总是发生在治疗时的当下，之后再也难以重复描述，甚是遗憾。另外，我们在这里追根溯源，而这根源，也许只是引起来访者遭遇精神心理痛苦的一个根源而已。我的目的，只是希望这一点点的根源，能让读者您有所醒悟和关注，这就是我记录这些案例的初衷！

"每一个故事的后面，都有千万个理由。"所以，看过这些故事之后，就请您吸收您所需要的，其他的，就让他们随风而去。再次强调，我衷心地感谢每一个个案的案主，有了他们，这本书中的每个故事的主人公才有了原型，我才能在此基础上和他们相处，挖掘心理学的一些奥秘。

每个个案都有一个或者是几个个案的原型，所以，即使您是我的来访者，看到了部分和您谈话相似的内容，也千万不要联系自身，因为我看中的那些内容，不只是会发生在您一个人身上的内容。我的那些推理分析，只是为了更多的人懂得这里可能有什么样的逻辑关系，不一定合乎您自己的真实情况。所以，在这里，请各位读者只回味案例给您所带来的所获，切勿和任何一个您自己或者周围有相似经历的人联系在一起，以免给自己或者别人造成困扰！大千世界，人，千千万万，大家都有着共同的七情六欲、喜怒哀乐，就会发生许多许多由此而生的相同的事情。拿出这些事情和您分享、分析，既是别人的事，也是自个的事，那么，就不要追究这是谁的事，您说对吗？最终，无论是故事还是人，都会不断地重演，又不断地归于尘埃……

有个叫周冲的人，写了一篇文章，叫《你的失败，原生家庭不背这个锅》，在网络上受到了很多人的赞同。是的，当一个人活在他的原生家庭里的时候，就会被纠缠其中，走不出迷雾，也就长不大，没有办法成为自己想成为的那棵大树，享受属于自己的蓝天白云。我很同情那些人，包括既往的自己，和我的一些熟悉的朋友、亲人，可是，我们又能怨谁呢？

记得吗？历史上还有周室三母、战国三迁的孟母、晋时退鲊的陶母、唐时和丸的柳母、宋时画狄的欧母、刺字的岳母等，这些能为了孩子的未来而全身心投入的母亲，他们的孩子今天看来之所以成功，就因为在她们的心目中，自己的孩子是不一样的，是可以成功的！这个"可以成功"，已经植入了他们的孩子的骨髓了，之后才能有令后人敬仰的人物！这本书里提到的个案，更多的是那些自觉或不自觉地已经被阻滞了生长的孩子，能不能"长大"，最终还是要看他们自己了！能不能挣脱原生家庭的魔咒，也要看他们自己了！能不能活出自己想要的人生，也是看他们自己了！当然，这一切，皆建立在自己能及时了解自己的问题，并能及时付诸行动的基础上！

所以，才有了这些故事、这本书！但愿这些故事能对广大读者有所启发。

附图：党家梅子温暖的一家祝您愉快

附　录

最后附上君君的作业《小时候有记忆的事情》，以及叫作"丹妮"的女孩来访时带着的手记。

希望君君的回忆，能给那些为了赚钱而让自己的孩子做留守儿童的父母们以警醒！孩子的内心是很丰富的，他们小时候眼中所看到的一切，会建构他们的基本人格。这个时候，他们需要陪伴，需要支持，需要爱的滋润，需要安全的呵护，需要爸爸妈妈答疑解惑，亦需要爸爸妈妈分享他们的所看、所想，并做沟通、引导。

丹妮来做了一次咨询，我很为她妹妹的安全担心。当时建议她尽快想办法找到妹妹。她是否找到妹妹，我不知道，因我再也没有看到过丹妮。丹妮，你和妹妹还好吗？希望全社会的人，都多多关心小君君、丹妮和丹妮的妹妹这样的群体……

君君《小时候有记忆的事情》

很小的时候，爸妈就去打工了，他们想把哥、我、弟托付给爷爷奶奶带。可是，爷爷奶奶不愿意，最后我们跟了爷爷的叔叔（和爷爷差不多大，按照辈分称呼的）——一个驼背的老爷爷。老爷爷来我们家看护我们，他特别节俭，煮面都舍不得多用点煤球将其煮熟，很久很久才买一次肉。我总是羡慕别人餐桌上的饭菜，我总是看到别人可怜我们的眼神。

后来，我六岁那年，爷爷奶奶同意带我们了，但那却是噩梦的开始。他们也帮伯父伯母带孩子——我的堂姐和堂弟。他们两个是宝贝，我们是野孩子。无论我们之间有什么矛盾，错的总是我们，挨骂、挨打是家常便饭，甚至还会被绑起来打。还有他们的眼神，我们做得稍微不合他们的心意，或者没有及时做完该做的事情，都要遭到他们的白眼。爷爷那时候做豆腐，早上五六点就起来开始准备，六点左右生炉子煮豆浆，他心情好的时候，会叫我起床帮忙。那时候，家里也没有闹钟，如果因他未叫我而起床加柴火的时间晚了，做了也要挨骂。他们每天都给堂弟留一大碗豆浆，我们却从来没有享受过。过年过节杀鸡宰鸭，多吃几块也要遭白眼以待，叫我不要把菜当饭吃。有时候放学回来肚子饿了，晚饭还没有准备好，吃中午的剩饭也要挨骂，说那是留着喂鸡鸭的。

从六岁开始，我就一个人睡。房间里有木板楼梯通往阁楼。每天晚上，老鼠像人一样大摇大摆地在木楼梯上窜来窜去，我总是很害怕，蜷缩在床上不敢动。有时候老鼠会爬上床，我就躲在被子里不敢动。半夜起床上厕所，都要犹豫很久，因为害怕老鼠爬到我身上。我还怕有鬼出现。

我从小身体就不好。很多次突然半夜呕吐，那时候我以为自己要死了，叫奶奶，她过来丢个祛风油给我，就回去睡觉了。每次生病，我都是自己去村里的医生那里看病，然后他们再去付钱。每次看到别的孩子被爸妈抱在怀里都很羡慕。小时候，爸爸很疼我，我生病的时候，总是牵着爸爸的手才能睡着。他半夜里起来，我马上就醒。

因为爸妈不在家，其他的亲人都对我们不好。

那时候，周末经常和表姐去外婆家。去了我们都会帮她干好多活。其实，我干活挺不错的，只是在家里常常被爷爷奶奶骂，总以为自己很差劲。外婆不一样，她不管我们做什么，都会夸我们，然后我们干得更卖力。但是，她对我和表姐也不同，每次走的时候，家里要是有什么好东西，她会叫表姐带一些回家。但是，从来不会让我带什么。

我最开心的时候，是堂姐让我和她一起睡觉。有人陪着一起睡，我就不会害怕。有一天，我躺在她床上，她的同学来和她一起做作业。我不知道怎么惹她们不高兴了，她叫我走，把我的枕头扔到门口。我抱着枕头伤心地哭了……

每年我都盼望过年，也害怕过年。过年的时候，几个姑姑和她们的孩子都会来。但是，爸爸妈妈通常都不会回家，因为过年路费太贵，而他们赚钱不多。家里很热闹，吃饭时通常是大人一桌，孩子一桌。但是，小孩子们都不愿和我坐在一起，让我和大人坐一桌，我一坐过去，大人们就抱着碗走。最小的姑姑很疼我，心疼我的爸妈没在身边，就在春节给大家买衣服的时候，特意给我买两套，穿上新衣服，我十分开心。

227

　　家里的牛是几家共有的，轮到我们家的时候，他们叫我去放牛。不知道为什么，也许是因为我害怕，每次放牛的时候，牛都会追我。我被追得到处跑的时候，爷爷奶奶就在那里看笑话。

　　小学几年从没有零花钱。我总是看着其他同学在课间去学校外面的小商店买零食。六年级的时候，学校组织去郊游，全班都报名了，爷爷就是不肯给我钱。老师说，希望全班同学都去，我就回家和爷爷闹。爷爷虽然给钱了，却跑到学校骂老师。老师在学校不点名地说这件事，同学都知道是我。旅游的时候大家都准备了零食，就我没有，好在好朋友分了我一点。也不知道是否因为旅游的事情惹怒了爷爷，我旅游回来的时候，爷爷和奶奶吵架，不分青红皂白地打了我一顿。

　　我的学习成绩很好，从来不需要大人督促。唯一一次看见爷爷奶奶看着我笑，和我说一两句玩笑话，是我小学六年级拿着三好学生奖状回家的时候。

　　我清楚地记得，我第一次面对死亡的情景。

　　爷爷的亲弟弟，也就是我的叔公是个游手好闲的人。他一辈子没有干过活。他每天做的事情，就是在村口的路上见到熟人，就向人家要五毛、一块的。他酗酒，把他的父亲给他盖的房子都败光了，就住在一个棚子里，用石头支一口锅煮饭，没有别的家当。别人都不理他，我却不怕，经常和他说话。虽然他醉酒的时候会打我们，但我还是会偷偷地给他送点剩饭，爷爷奶奶知道后也会打我。后来他死了，是病死的，因为没有人给他找医生看病。死的时候瘦得只剩骨头了，像个孩子。那时候，人死了都会土葬，还会找和尚做法事，他什么都没有。爷爷叫县里的火葬队把他拉走火葬了。拉他走的时候，爷爷、奶奶和姑姑他们该做啥做啥，看都没有看他一眼。

　　小学毕业后，爸爸妈妈接我去南方读书。他们也知道爷爷奶奶不疼我。我以为从此就可以结束和爷爷奶奶在一起不开心的日子了，没想到，到了爸妈那里，看到的是另一番景象：妈妈做小生意，他们一起居住在小铁皮屋子里，又闷又热。本来他们住的地方就狭小，现在又多了一个我，我要与一直和父母生活在一起的妹妹挤在一张床上睡觉，妹妹总是说多个人很热。同时，我发现爸爸妈妈经常吵架、打架，有时候还会动刀子。他们让我觉得很陌生，我在爷爷奶奶家挨打挨骂的时候，一直想着的爸爸妈妈怎么会变成了这样？！爷爷奶奶打我的时候，我身上痛，心里不痛；可是现在，我经常一个人躲在两个柜子中间悄悄地哭。

初中的时候，我开始住校了，我很开心。我喜欢学校，不喜欢周末……

丹妮的叙述

四岁的时候，我妈把我从爸爸身边带走，比我小一岁的妹妹留在了新疆。

两年前，在新疆的爸爸工作中意外地从楼上摔了下来，正在广州读书的我办了休学，回新疆照顾我的父亲。

爸爸最后不治身亡，我跟随家人回老家安葬爸爸。妈妈和爸爸的家人为了父亲的丧葬费闹得不可开交。

妈妈带着我在老家，住在一个叔叔家，那个叔叔背着我妈告诉我，他才是我的亲生父亲。有一天，那个叔叔的儿子偷偷来到我房间，他说，他是我的亲哥哥，他要强奸我，在我的反抗下，强奸未遂。

从新疆回到四川后，我的妹妹很少和我说话，她说，她恨我妈，是我妈害死了她的爸爸。她不愿意和我生活，宁愿和那个四川的叔叔一起生活。

我们回广州大概半年后，那个叔叔打来电话，说我的妹妹失踪了，到现在已经一年多了，仍未找到。我今年二十一岁了，晚上总是很难入睡，早上也经常早醒。常做噩梦，烦躁易怒，动不动就莫名其妙地觉得很难过。最近，几乎每天都哭，情绪时好时坏，好的时候容易烦躁，一旦躁狂起来，不是想砍别人，就是想砍自己。心情坏的时候情绪低落，很痛苦，会自残。讨厌和别人接触，特别不喜欢和很多人待在一起。注意力越来越差，记忆力也越来越不好了，经常有自杀的念头，晚上出去疑神疑鬼，觉得路上的人可能就是坏人……

主要参考文献

［1］王东华.发现母亲：图文本.南昌：江西人民出版社，2010.

［2］艾·弗洛姆.爱的艺术.李健鸣，译.上海：上海译文出版社，2008.

［3］David E. Scharff.重寻客体与重建自体：在精神分析中找到自己.张荣华，武春艳，许桦，梁凌燕，译.北京：中国轻工业出版社，2011.

［4］Marjorie Taggart White, Mcella Bakur Weiner.自体心理学的理论与实践.吉莉，译.北京：中国轻工业出版社，2013.

［5］亨利·马西，内森·塞恩伯格.情感依附：为何家会影响我的一生.武怡堃，陈昉，韩丹，译.北京：世界图书出版公司，2013.

［6］陈灿锐，高艳红.心灵之境：曼陀罗绘画疗法.广州：暨南大学出版社，2014.